JN253958

# 津波がくるぞ!

畑中雅子●著

元禄十六年・千葉県沿岸の津波被害

国書刊行会

# 目次

# はじめに

2011年3月11日、東日本大震災が起きて、多くの方々が亡くなりました。

その悲しみをかかえながら、いまだにその日その日の生活をしのぐ苦難の日々を過ごしている方々がまだ多くいらっしゃいます。

この震災では、千葉県下でも津波・地盤沈下・液状化現象などで大きな被害がありました。

私に歴史に対する興味を持たせて下った川名登先生は、かつて「歴史は自分たちの現在の生活に役立てるために学ぶのだ」とおっしゃいました。

しかし、当時の私は「こんなカビのはえたような古い文書を探したり、石に刻まれた文字を手探りで読んでも、あんまり今の生活に役立ちそうもないな」くらいの軽い気持ちで聞いていました。その後、日本がアジアで行った戦争に駆り出された兵士の方々の経験を綴った図書、日記、回顧録を読み、従軍慰安婦問題、在日朝鮮人の人々がなぜ日本で暮らしているのか、などを少しずつ知ることによって、過去の事実を正しく知ることがどれほど大切かを知りました。

私たちは過去の例から学び、現在に生き、未来に備えなければなりません。

私は、ここに古い江戸時代の記録——元禄16(1703)年に起きた大津波が、千葉県沿岸に及ぼした被害状況を報告したいと思います。これを皆さんが自分の地域を改めて見直し、そんな状況に置かれたらどう行動するべきか、と考えるチャンスにしてもらえたら嬉しいと思います。

そして、川名登先生と旧「千葉の歴史を知る会」のメンバーであった方々に感謝と共にこの本を捧げます。

なお、この調査には長い期間がかかり、文中に「現在は」と書かれていても、必ずしも2015年現在を示しているとは限りませんので、お許し下さい。またここに書き上げられた被害者の人数は、約310年という長い年月を無事に残った古文書の内容を集計した数字ですから、実際はもっと多かったと思われます。特に古文書などは、急速に市街化した地域、住人の流動が激しい地区、海岸や沼が埋め立てられた地域、その他の地域でも家を新築する時に古いゴミとして処理されるなど、なんとか昭和初期までは残っていた物でも失われた可能性があります。また、古文書でも怪我人の報告はほとんどありませんので、津波被災後これが原因で死亡した人々もたくさんいらっしゃったと思われます。その上、元禄当時の人口は現在よりずっと少なかったのですから、当時の人々の受けたショックは私達の想像を遥かに超える大きなものだったでしょう。

元禄16年の地震発生時刻は、現在の暦にすると12月31日の午前2時頃にあたり、津波の大きさに加えて夜の暗さ、真冬の凍える寒気がさらに被害を大きくしたと思われます。本書の紹介を読んでいただき、過去の被害を知って、自分の住む地域の地形を眺め、どのように行動するのがもっとも良い方法かを考えてみて下さい。

まず最初に、江戸幕府が編纂した『徳川実紀　巻四十八』にこの津波についての記述があるので、読んでみましょう。「元禄十六年十一月二十二日、この夜大地震にて邸内石垣所々くずれ櫓多門あまたたをれ諸大名はじめ士庶の家数をつくして転倒す。また相模安房上総のあたりは海水わきあがり人家夥く頽崩し火もえ出て人畜命を失ふもの数ふるにいとまあらず。誠に慶安二年このかたの地震なりとぞ。甲府邸これがために長屋倒れ火もえ出しかば増火消を命ぜられる」とあります。

現代文にすると、「この夜大地震で邸内の石垣が崩れ、櫓、門などがたくさん倒れました。諸大名をはじめ、武士の家屋も庶民の家もみな倒れました。また、相模、安房、上総のあたりは、海水が湧き上がって人家をおびただしくはがし、崩し、出火して、人も家畜も死んだものは数えきれません。慶安2 (1649) 年の大地震以来の大地震だそうです。甲府邸はこのために長屋が倒れて火事になったので火消しの増員を命令されました」と、千葉県の津波被害が物凄かった上に火事も発生したこと、江戸にある甲府の屋敷も火事となったので、消火作業の人員を増加するように指示がなされたことにも言及しています。

庶民に正しい情報が即座に流れる時代ではありませんから、災難やその後の生活の困窮への不満を幕府の政治のせいにしたり、さまざまな噂が飛び交ったりしました。幕府は名主や家主に、狂歌や謡などを作って広めるような不届き者がいたらすぐに役所へ訴え出るよう命令を出しています。そして元号を元禄から宝永に改元して、人心一転をはかりました。

さて、これから寺院や旧家に残されている史料によって、千葉県沿岸各地の被害を述べてみます。本当は被害を受けているのに、史料が現存していないため語られない地域もたくさんあると思います。その部分は、読者のみなさんがその周辺の記録から想像したり、新しい史料の発見に挑戦して私にも教えていただければと思います。

それでは、千葉県の北部から津波の痕をたどりましょう。

## ◉銚子市（ちょうし）――――

銚子市に紀州から漁業をするためにやってきて、やがて定住していったご先祖を持つ人々が編纂した『木国会史（もくこくかいし）』の中に「慶長以来銚江略年代記」として次の文章が書かれています。

一、同二十二日八ツ時津浪東は君ヶ浜より大池に水入る。君ヶ浜田畑へ砂押掛け麦も一円無之山林の松の木七百本余根返り又は折木にて池端松の本より二三尺程上へ浪上がりたる様子にて、藻かかり居り候。長崎浦にて庄右衛門納屋潰レ是れに依て其後願四右衛門、藤右衛門、納屋場より北の方、納屋場上がる、外川夷宮下にて喜兵衛納屋潰され候、手前納屋に居候善右衛門、伝次郎、三郎兵衛、仁兵衛等の納屋へ浪上げ潰し候、下町場より切通しまで浪上げ田より砂押かけ名洗与左衛門家流され庵室の庭へ浪上げ候。

永井飯岡より、海辺上総安房だんだん強く浪上げ人多く死候由、又武州相模浦々へ浪上げ是亦人多く死に候。此夜一天無雲風は鬢毛も不動、物静かにして月よく冴えたるに大なる地震度々にて辰巳の方より浪上がる。大浪三つ惣て地震数知れず月を経て不止三つ目の浪二十三日の夜明けて上りたりと。

現代風に言えば、

11月22日の午前2時頃津波が来ました。東は君ヶ浜から大池まで水が来て、君ヶ浜の田畑に砂が押し寄せたために、麦はあたり一帯無くなってしまいました。山林の松の木は700本以上根本から抜けたり折れてしまいました。池の端の松の根元から60～90センチ程度上に波が来たようすで、海草がひっかかっていました。長崎浦では庄右衛門の納屋がつぶれ、そのため後方の願四右衛門、藤右衛門の納屋場より北の方の納屋場は波が上がりました。外川夷宮下では喜兵衛納屋が潰され、その手前納屋にいた善右衛門、伝次郎、三郎兵衛、仁兵衛等の納屋へ波が打ちかかり潰してしまいました。下町場から、切り通しまで津波が上がり、田から砂が押し流され、名洗の与左衛門の自宅が流され、庵室の庭まで波が上がってきました。

北方の永井村や飯岡から海辺の上総、安房へかけて段々強い波となり、人がたくさん死んだそうです。また、武州（江戸のあたり）相模の浦々へ津波が上がり、これまた人がたくさん死亡しました。この夜は、空に全く雲が無く、髪の毛もそよとも動かない、物静かな月が冴えた夜だったのに、大地震が度々おこり、南東の方から波が押し寄せて来ました。大波は、3回で、地震は数えきれないほど揺れ、翌月の12月になっても止みませんでした。3回目の津波は、23日の夜が明けてから、押し寄せてきたそうです。

と、津波の状況が詳しく記録されています。この文中で納屋と呼ばれているのは、紀州その他、主に関西地方から漁業を営むために季節的に来ている人々の、漁具、船、網、諸道具等を置く場所・小屋のことです（拙著『新編千葉の歴史夜話』参照）。

また、続いての項目では「同月津浪にて方々損じ船付崩れ候につき村中並に浦方の者共と普請なす」と書かれており、「津波によって方々が破壊され、船着き場も壊れたので、村人も浦にいた外来者も一緒に、船着き場の修理の工事をしました」ということで、船着き場が壊れたことも確認できます。

また別の、天保14（1843）年に書かれた古文書には、

一、千人塚　是ハは元禄年中大津波の節溺死のものを凡そ千人余是所ニ葬し所なりといふ、絶頂ハ当時御領主右京公の大たいばなり

と書かれています。かなり年月がたってからの記述ですし、おおまかな言い伝えで、人数をそのまま信用はできませんが、かなりの死亡者が出たのではないかと思われます。

また一方、この千人塚は慶長19（1614）年10月25日、突風のために多数の漁船が遭難し、その時の死亡者が千人以上であり、その人々を弔い千人塚と呼んだとも言われますが、もし慶長19年の遭難者を弔ったのがこの千人塚であったとしても、元禄16年の津波被害者も当然この場所に埋葬されたであろうと私は思います。

川口町にある現在の千人塚を訪れてみると、古い石碑は石質が柔らかいため、摩耗していて年号など文字は読み取れません。私が判読できたのは嘉永以降の年

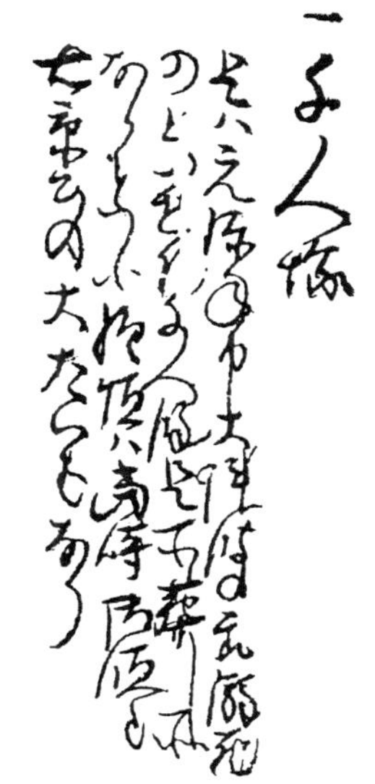

千人塚の由来を伝える古文書

号の石碑ばかりで、漁船転覆等海難犠牲者の碑が数多く立ち並んでいます。

銚子市の千人塚

私が訪れた時は、ちょうど供養行事の最中で、読経の声と鳴り物のカーンという音が聞こえていました。しばらく終るのを待ち、階段を降りてきた男性に尋ねると、「銚子は漁業で生計を立てている人の多い町ですから、海難で亡くなった人々を供養し感謝しなければいけません。どなたが参加しても良く、毎月24日に集まって供養しています」と答えてくれました。私は年に一度の法要の日にたまたま出会ってラッキーと思っていたのでビックリしてしまい、「毎月ですか？」と思わず聞き返してしまいました。

せっかく銚子に来たから、漁港に寄ってみようと港に行くと、漁船からサンマが水揚げされていて、大きな網の袋の底の紐が緩められるとギラギラと光りながらサンマがあふれ出て来ました。そこにいたサンマよりキラキラと輝いているお姉さんが千人塚について教えてくれました。遭難者が出ると埋葬して土を盛り、また遭難者が出ると埋葬して土を盛り、それを繰り返したので現在のように小高い丘になったのだそうです。

塚のすぐ前を走っている道路を改修する時には人骨がたくさん出土したので、もう一度火葬して埋葬し直したほどだそうです。これを聞いて、あの階段を上るのは犠牲者の上を歩いているようで、申し訳ない気持ちになりました。

## ◉旭市　飯岡町――――

津波の直前、元禄11（1698）年の『塩浜論裁許絵図写』（向後家蔵）という絵図には「平松村浜ニ居候旅人家」と記され、東西の飯岡浜・横根浜に通じる浜道沿いには多くの家が描き込まれており、旅網漁が盛んな様子が伺えるそうです。

旭市飯岡町は2011年の東日本大震災でも、死者13名、行方不明2名、家屋の被害308軒（地元のライオンズクラブ集計）という大きな被害を出しましたね。

元禄16年の津波でも、被害の記録が残されています。

福蔵寺の縁起によると「十一月廿二日晩大地震、三ケ浜津浪ニテ退転、人数七十余人死、家船共ニ皆無」とあります。「大地震があり三ケ浜は津波によって壊滅的被害を受け、死亡者は70人余で、家も船も全く無くなりました」ということです。

『玉崎明神社地出入訴訟文書』には、

> 七年以前（元禄十六年のこと）十一月廿二日之晩高波ニ付、浜辺ニ有之候旅人家壱軒茂不残打禿、其外所々悉水難ニ逢候ニ付、宮境内地、方々ニ小屋掛仕候。然共大難儀之時節故、当分之儀と存不相構差置申候処、横根村其節居申候旅人共、去明之年より家立置、理不尽相働申候間早々家引払候様ニと、度々相断置候得共、承引不仕剰当年茂家作仕候（後略）

とあります。

> 7年前の津波で、浜辺に建てられていた、地元外から来ていた漁師の家は一軒残らず流されてしまい、その他にもいろいろな場所が水難に逢いました。被災した人々が玉崎神社の境内あちこちに小屋を作りましたが、大災害だからしばらくは仕方のないことだと黙認していたら、横根村に滞在して漁をしていた村人以外の人々が、去年の年明けから家を建ててしまいました。理不尽なことですから、早々に引き払って欲しいと度々交渉しましたが、承知してくれず、その上今年も家を建築しています。

という内容です。他国の者が津波後境内地に家を建ててしまったことを巡って、神社と被災者の間に訴訟問題が発生しています。翌年には裁許が降り、銚子に至る道を境として神社の土地とし、境内にいた旅漁師は東浜に移ることになりました。

玉崎神社に行ってみました。飯岡石と呼ばれる丸々とした優しい石で積み上げられた石垣がそこここに見られ、拝殿には透かし彫りの龍がうねっていて、とても荘厳な雰囲気の物静かな神社でした。

玉崎神社

玉崎神社の石垣

## ◉山武市（さんむ）　蓮沼（はすぬま）————

当時の蓮沼村は6人の領主によって治められていました。領主はそれぞれの支配している地域の被災記録しか行いませんでしたので、そのうち現在まで記録が残された地域の被災状況しかわかりません。

6人のうち、山内主膳知行分だけが、幕閣の柳沢吉保（やなぎさわよしやす）が記録した『楽只堂年録（らくしどう）』によってわかります。山内氏の支配地が受けた地震被害を報告した文書です。

山内主膳知行所上総国蓮沼村地震高浪ニ而損亡

蓮沼村

一、田畑二十九町余　砂押

一、流家百七軒

一、流死者男女百二人　（後略）

これによると、蓮沼村のうち、山内主膳が支配している地域の田畑は、29町歩余（約29ヘクタール）が砂で覆われてしまいました。流失した家は107軒で、流されて死んだ者は102名と記録されています。6人の支配者のうち、1人の支配者の分だけでこの被害です。6人分合計したらどれほどだったのでしょう。

また、別の古文書である、村明細帳（村から領主に村の様子をこまごまと報告した書類）に、

> 潮徐一、堤　但長二千八百三十五間　　馬踏一間　鋪四間　高さ八尺　壱ケ所　　是ハ浜通潮徐堤拾八年以前、宝永元申年地頭美濃部重右衛門様・山内主膳様より御普請被成被下候

殿下の防潮堤跡（1998年7月）

防潮堤跡の一部はすでに市街地化している

とあります。この村では素早く驚くべき防災体制が構築されたのです。津波が襲った翌年の宝永元（1704）年、美濃部重右衛門と山内主膳の2人の領主の費用負担で、知行地に海に対して平行に津波除けの堤防を築いたのです。前出の明細帳の内容によると、その規模は長さ5100メートル、上部幅1.8メートル、下部幅7メートル、高さ4メートルです。

当時は鍬（くわ）やもっこという道具くらいしかありません。現在より圧倒的に人口が少なく、おまけにたくさんの死亡者が出たのに、こんな大工事を被災の翌年に完成させるなんて、民への思いやり、その実行力たるや、素晴らしい支配者だと感

銘しました。

しかし、ここの小字名が殿下（とのした）と知った時、やっぱりご領主様はただ自分の土地が大事だったのかな……と失礼な考えも頭をよぎりました。

いすみ市大原町の渋田にも防潮堤が築かれていますが、やはり「殿山地先」という地名でした。蓮沼村の防潮堤が2人の領主の命令で築かれているということは、海に近い土地はこの2人だけが支配していたのかも知れませんね。

私が蓮沼の防潮堤を訪れた時は、ほとんどが壊されて宅地の中の路地になっていたり、重機が用意されていて、まさにその姿が消え去ってゆく時のようでした。

偶然近所で出会って案内してくれたおじさんは、「子供の頃よくこの脇の田んぼで遊んだもんだ。そんな時に見上げた土手は、子供心には巨大なもんだった」と懐かしげに語ってくれました。この風情と歴史ある景色がもう見られないのかなと思うと、淋しい気がします。

と、書いた途端にもう一度訪れてみたくなりました。前回訪れたのは、1998年7月。今回は2014年10月です。あの田の間に伸びていた道と両脇の田は同じ高さになり、一面の草原でした。近くの製材所にいた男性に、「この辺は15年くらい前は両脇は田んぼで、真ん中に道がありませんでしたか」と尋ねると、「そうだよ」との返事が返って来ました。

思わず「あれは江戸時代に津波の被害に遭って、防潮堤として造られたんですよ」と言うと、男性は「ここは今度の津波でもやられたよ、畳の下まで水が来た

草原と化した防潮堤跡（2014年10月）

んだよ」と答えるではありませんか。東北の被害があまりにも大きかったし、千葉県でも旭市飯岡の津波被害、浦安、安孫子、船橋、香取、習志野などの液状化現象などの大きな被害報道に隠れてしまったけれど、ここにも被害があったことに改めて驚きました。

歴史にもしもは無いけれど、あの防潮堤が当時の規模でそのまま存在したら、ここの床下浸水は免れたかもしれないな、と思いました。

村の蓮花寺（れんげじ）の脇には小高い竹林があります。ここも千人塚と呼ばれ、220平方メートルほどの国有地で、中央に高い石柱が大正5 (1916) 年に建てられています。

昔の被害者を弔うと同時に、現代の村民への戒めでもあると思います。ここでは蓮花寺によって施餓鬼（せがき）供養が行われ、今も手厚く供養されています。同寺は明治時代に火災にあって、古い記録類は残っていません。

蓮花寺の千人塚

## ◉山武市　成東　松ヶ谷

松ケ谷の共同墓地の中央に千人塚と名づけられた地蔵尊が祀られています。記録には「地蔵尊のところに無縁の人を葬る」とあります。1998年7月に訪れましたが、苔と摩耗によって、ほとんど何も読み取ることができませんでした。たまたま墓参に来ていた地元の人々は「我が家の墓より先にこのお地蔵様に線香を手向けるんだよ」と教えてくれて、ほのぼのとした雰囲気を感じました。

2014年10月に再び訪れると、山武市の教育委員会の掲示板があり、それによると、台座に以下の銘文が刻まれているとのことです。

> 経日　地蔵菩薩以大慈悲芳門□名号□□時元禄十六年未之霜月廿三日□大地震津波而溺死当村諸精霊等七回忌□□増進仏果誌為乃至自他法界平等利益
> 松谷村惣念仏講中　　□□誉真住

この文によると、被害の七回忌、宝永6 (1709) 年に松谷村の惣念仏講中によってこの地蔵尊は造立されたことになります。

千人塚（1998年7月）

「地蔵尊のところに葬る」という記録からすると、津波被害以前にお地蔵さまが既に祀られていて（きっと小さな可愛いお地蔵さまだったろうと私は想像しているのですが）、その傍に被災した人々が埋葬されたのでしょう。そして七回忌の折に建てられた立派な地蔵尊の陰になり、長い年月の中で小さなお地蔵様は失われたのかな、と思います。

地誌記録『見聞雑記』には、当時栗山川と木戸川が合流して川下の宿の下に流れており、そのため津波で川に飲み込まれた人々が流れ着き、その数は400名とも、100名とも、84名ともいう、と書かれています。

また、同雑記に、「沖合に大宝丸という船が風待ち（船が目的地に行くのに都合の良い風向きになるのを待つ）のため停泊しており、廿三夜講（月を信仰の対象とする行事。旧暦22日から23日にかけて集まり飲食を共にした後でお経を唱え、月を拝み悪霊を払う。現在も長生村では「三夜（さんや）さん」と称して集まり御曼荼羅（おまんだら）を掛け飲食を共にする行事が続いています）で月を眺めていたら、急に月が上がったり下がったりしたため、大波だと判断して錨を伸ばしたので命拾いした」とも書かれています。これを読んだ時、東日本大震災の時に、即座に覚悟を決めて津波に向かって船を出し、船も本人も助かった勇敢な漁師さんのことを思い浮かべました。

勝覚寺の津浪年号墓石（2014年10月）

松ケ谷の勝覚寺には、古い墓石を集めた中に津波の年号等と法名「浄意信士」と仏像を共に刻んだ墓石もあります。

## ◉山武市　成東　本須賀（もとすか）――――

ここには百人塚という供養碑があります。蔵音寺（ぞうおんじ）に所蔵されていた『百人塚由来記』には、

元禄十六癸未年十一月二十二日ノ夜、晴天ニシテ雲無、三更の比ニ大地ノ頻ニに振動シテ、諸人天地モ倒ルカト思ヘリ、故家ノ忽チ破レ山は崩レテ、池ハ平地ト成ル。衆人大ヒニ周章ス。逃げ去ラント欲スレドモ、遁レル足ヲ留メルベキ地無シ爰ニ災難尚ヲ難ヲ累ヌ。海頻ノ庶子等、海水ノ動波津ニ揚ルトハ努思ハズ、処々ニ群集リテ唯地震ヲ歎ク耳。夜鶏鳴ク平坦ノ比、直ニ揚ル事、箭勢自リ早シ、（中略）磯辺に艫（とも）ヲ並ベル漁船、浦辺ニ棟ヲ列ス漁師等、件ノ津波ニ打被破、落花微塵ト成リテ畢。之ニ依リテ、死人田畑堀江ニ満チ、畦畝ニ枕ヲ並ベル。時ニ及デ運命強キ者、漸ク命ヲ全ス、九十九里ノ溺死者都テ幾千万カ知レズ。当浦ノ溺死者九十六人、終ニ是ヲ墓所ニ葬リテ百人塚ト名ス云々

とあります。

午前0時～2時頃大地がしきりに震動して、人々は天地が倒れるのかと思いました。家がつぶれ、山が崩れ、池は平地になってしまいました。人々は皆あわてて逃げようと思って足を動かそうとしても、地面が揺れて歩くこともできない。そこへきて災難は重なりました。海辺の人々は津波が来るなどとは全く思わないで、あちこちに群れ集まって地震のことだけを歎きあってばかりいました。ところが、鶏が鳴く午前2時～4時頃津波が襲ってきました。それは矢よりも早い勢いで、漁船も漁民の家々も粉微塵に壊されました。死人は、田畑や用水堀、畦道（あぜ）や畝（うね）などに横たわっていて、運の強い者だけがようやく命拾いしました。九十九里の溺死者は合計で幾千万人かわかりません

が、この浦の犠牲者は96人で、墓所に葬って百人塚と名付けました。

という内容です。弔ってやれなかった人々を憐み、無念であろうと思いやっています。五輪塔の形式の供養塔には「上総国本須賀郷大水溺死精霊九拾六人　元禄

百人塚（1998年7月）

百人塚の側面 「大水溺死」の文字が見える

大正寺全景（2014年10月）

十六癸未年十一月二十二日　導師蔵音寺」と刻まれています。

　また別に大きな石碑があり「弔元禄十六年津波遭難霊　昭和二年三月本須賀区民建之　大正寺住職加瀬性恵代発起人檀家忽代人」とありますので、石塔を建立して慰霊すると共に、過去の禍いを忘れないように昭和に入ってからも供養を心掛けたのでしょう。

　また、大正寺の『本須賀御年代記』にも

> 元禄十六癸未年十一月廿三日之夜大地震月上頃ヨリ房総三ケ国大津浪人死数知ラズ。当村ニ於テ波打上ル事小向之前田道迄打上ル、今ニ於テ百人塚是有、其頃蔵音寺ハ当村一本寺ナリ。故ニ蔵音寺過去帳ニ巨細ニ死タル者共名前捺印致スナリ。其外ニ死骸知レ難キ者多シ、今南京塚里ト云下ニ沼アリ、此沼へ流レ死ス者共有リ。其魂魄（こんぱく）ノコリ風雨之夜ハ鬼哭ヲ聞ク事物凄シ、村中挙テ払へ念仏供養セントテ里ノ傍ニ御経功徳塚ヲ築ク、真言三昧供養ヲ致シ夫ヨリ絶ヘタリ。付近今ニ御経塚ト云フ、即チ其名ヲ取リテ今両経塚之名ヲ附ル也。俗ニ夕割沼ト云フハ往古幽霊と云フ、名ヲ改メ略シテ夕之字ヲ附ルナリ云々。

と記してあります。

> 元禄16年の11月23日の夜月が上って来る頃から房総三つの国に大津波が来て死人は数えきれないほどでした。当村に波が押し寄せて来たのは、小向の前、田道までです。いま百人塚というものがあります。蔵音寺がこの村全体を管理する寺だったので、蔵音寺の過去帳には溺死した96名の戒名と俗名などがこまごまと記録されています。その外に、死骸の行方がわからない者が多くいました。いま南京塚里という場所の下に沼があり、その沼に流れ込んで死んだ人が多く、その魂が残っていて風雨の夜にはすすり泣く声が聞こえて物凄いものです。そこで村人皆で念仏を唱え供養しようと、御経功徳塚を造って真言の供養をした後はすすり泣きが止みました。それを御経塚といいます。

ということです。

　俗に「夕割沼」というのは、昔「ゆうれい沼」と呼んだのを改めて名付けたのだ、と身元不明のままの被災者を憐み、恐れています。

なお、史料中に蔵音寺の過去帳に犠牲者の戒名と俗名が記されているとありますが、蔵音寺と自正寺、成就寺の三つの寺が大正期にひとつにまとめられて、その時代の年号をとり大正寺となったことを付け加えておきます。過去帳は住職が交代し、現ご住職はまだ確認していないとのことで拝見はできませんでした。

## ◉山武郡　九十九里町　片貝

藤下納屋の高橋家文書に「片貝村本隆寺所管、同村北の下海辺白砂に葬る」とだけ記録されています。北の下にある地蔵尊の脇に、天保13（1842）年に建立された溺鬼供養塔があります。

傍らの人と比較すると、その大きさがわかると思います。背面の文字を読もうとしましたが、どうしても背が届かず、とうとう隣家のハシゴを借りてやっとの思いで読みました。町の説明によると、この時期はイワシの豊漁期で景気が良く、漁業関係者11名によって建設されたそうです。いつの津波の犠牲者と限定せずに、過去何度も押し寄せた津波被害の犠牲者を供養しています。

北の下の溺鬼供養塔（2014年10月）

供養塔の背面碑文

また、このあたりには〇〇納屋（なや）という地名が多くありますが、これは関西地方からイワシの漁期だけ来て漁業を行い、他の季節は自分の故郷へ帰国する人々が帰国する時、漁具・網などの道具を保管しておく納屋を建てさせてもらっていたなごりです。時代が下るとだんだん帰国せずに定着する人が増えて、村落の様子になってゆきました。そのため〇〇納屋という地名が多く見られるのです（拙著『新編千葉の歴史夜話』参照）。

山武郡九十九里町の飯高家に伝わる古文書には、

> 夜子（ね）ノ刻ヨリ俄ニ大震ニテユリカエシユリカエシ表ニテ、大タイコ打候如クニナリヒビク。同丑（うし）ノ刻ニ大山ノ如ナル津浪一ノ浪二、三ノ浪続イテ入来ル。別テ二ノ浪ツヨクシテ家□木共ニ押流サレ大木ハ土手共ニ、二三丁程モ流逃人々之ウチニテモ浪ニ追イツカレ、水ニ溺レ死スモノ脇村ハ格別、当所（粟生村と推測）ニテ百人余也。牛馬鶏犬マテ水ニ溺レ死ス、又、水ヲワケ出テモ、寒気ニ綴レテ死スモノ多シ暁天ニ潮汐引退、哀ナルカナ、骸ハ道路ニ累々トス。住人ココヲ去リカネタリ、□来如斯ナル事、能々心得テ家財ヲ捨迯去ルベシ（後略）

と記録されています。現代文にすると、

> 夜11時から翌午前1時頃、急に大地震でグラグラと揺れ、外では大太鼓を打つような音が鳴り響きました。そして午前2〜4時頃に大山のような津波が第1波、第2波、第3波と続いてやって来ました。なかでも第2の波が特別強く凄く、家も木も一緒に流され、大木は土手と一緒に約100メートル〜210メートルも流れ、逃げる人々は波に追いつかれて溺死しました。隣村は別として、粟生村で100人以上死亡しました。牛馬鶏犬まで水に溺れて死亡しました。水を掻き分けてやっと脱出しても、寒気で凍死する人が多く、夜が明けて潮が引くと、あわれなことに死骸が道路にたくさん横たわっていました。生き残った住民は、気の毒で立ち去ることもためらわれました。これからは、このようなことをよく心得て、家財道具などにかまわず、逃げることです。

と、惨状を説明すると共に、後世の人のために、第1の波より第2の波の方が強いこと、また家財道具などに心を残さず打ち捨てて逃げるようにと言っています。他に、この大地震の前日に大小の地震が64回、当日は112回の地震の振動があったことも記録されています。

## ◉山武郡　九十九里町　粟生（あお）――――

藤下納屋の『高橋家文書』に「御門村妙音寺所管の者、海辺白砂に葬る」と書かれています。御門（みかど）村の妙音寺の檀家の人々は海岸の白い砂の中に葬りました、ということです。御門という地名は粟生村の北部に存在するので、妙音寺を尋ねて出かけました。しかし、妙覚寺と妙善寺は今もあるものの、目指す妙音寺は存在しませんでした。寺名が変わったかお尋ねしましたが、両寺とも変わっていません。津波についての言い伝えもありません。

では、妙音寺に属していた人々は、なぜ妙音寺ではなく海岸に葬られたのか考えました。死亡者数が多いので寺まで運べず、やむをえず海岸に埋葬したとしても、他村では十三回忌などのある程度生活が落ち着く頃に供養をしています。それも行なっていないという事は、お寺自体が津波に破壊され、生き残った人たちに再建する余裕もなかったのではないかと想像しています。

前述の飯高家文書には、犠牲者は100余名、牛馬鶏犬まで溺れ死んだと記録されています。

## ◉山武郡　九十九里町　不動堂下（ふどうどうした）――――

ここにも供養塔があります。

正面には「元禄十六年未十一月廿三日　妙法　津波精霊」と刻まれ、背面に「施主　不動堂村」、左面に「道立　妙衆　経泉　妙泉　蓮忠　妙是　妙浄　蓮心　受心　速法　源信　来源　法作　道見　道□」、右面に「道賀　宗化　速生　道久　道長　証仏　成人　了道　法見　妙見　妙慶　妙利　法信　道権　浄信」と30名の戒名が刻まれています。

不動堂の供養塔（2014年10月）

## ◉山武郡　九十九里町　真亀（まがめ）————

浄泰寺には、被害の五十三回忌に当たる宝暦5（1755）年に建てられた石塔があります。

高さ158センチほどで、正面に「南無妙法蓮華経　法界」、右面に「宝暦五乙亥天霜月廿二日　津浪精霊有無縁万霊唱題二千部　施主真亀村上下一結」、左面に「経王山浄泰寺」と刻まれています。1998年6月には本堂脇の樹木の下に坐していましたが、2015年現在は本堂の裏手に整備され祀られています。

浄泰寺の石塔（1998年6月）

## ◉茂原市　鷲巣

法華宗本門流大本山長国山鷲山寺には、宝暦3（1753）年造立の近辺一帯の死亡者の合同供養碑があります。その碑文を以下に記します。

（正面）「南無妙法蓮華経　日逞」

（台座正面）「八百四拾五人一松郷中、三百四人　幸治村、二百二拾九人　中里村、七拾人　八斗村、八人　五井村、二百七拾二人　古処村、四拾八人　剃金村、七拾三人　牛込村、五拾五人　浜宿村、二百五拾人　四天寄村」

（裏面）「維持　宝暦三癸酉十一月廿三日」

（左側面）「天下和順開山日弁聖人日月晴明長圀山鷲山寺施主門中男女」

（右側面）「元禄十六癸未歳十一月廿二日夜丑刻大地震東海激浪溺死都合二千百五拾余人死亡充癸酉五拾一年忌営之」

犠牲者の数を合計すると、2,154名となります（以下、各被災地の項目に引用します）。この供養碑は参道入り口に設置されていましたが、交通事情によって、現在は本堂の前に移されています。

鷲山寺の供養碑（1998年5月）

供養碑の台座

## ◉大網白里市（おおあみしろさと）　四天木（してんぎ）――――

『上総町村誌』によると犠牲者は245名、茂原市の鷲山寺の碑文によると250名が犠牲になりました。現在は要行寺にわずかに塚のあとを示す敷石と、木製の塔があるだけです。

## ◉大網白里市　北今泉（きたいまいずみ）――――

供養碑が等覚寺墓地の中にあります。正面に「妙法海辺流水六十三人精霊」、側面に「正徳五乙未十一月廿三日」「奉唱題目壱千部　願主北今泉村」と刻まれていて、十三回忌に建てられたことがわかります。藤下納屋高橋家文書には、「等覚寺所管の男女子供六十人」と記録され、60人か63人か正確にはわかりませんが、多くの犠牲者が出ています。

要行寺（1998年5月）

等覚寺の供養碑（1998年5月）

## ◉長生郡　白子町　剃金————

鷲山寺の碑文によると、犠牲者は48名です。このあたりの景観は、あたり一望に見渡せる田園風景で、ところどころに家を囲む木々がこんもりと点在しています。近くの電柱には海抜0.5メートルと掲示してありました。

## ◉長生郡　白子町　浜宿————

鷲山寺の碑文によると犠牲者は55名です。前出の剃金と隣接した地区です。景観も同様で葦が生えている場所や、湿地が好きな榛の木が見え、浜宿の上の台という地名の場所で海抜2.5メートルと表示されていました。津波は遮るものが無く、どうどうと押し寄せたでしょう。

## ◉長生郡　白子町　牛込　南入地————

南入地の墓地にあるケヤキの巨大な切り株の脇に、寛政11(1799)年の供養塔があります。切り株の太さに、もしかしたらこれは被災当時に植えられたものかとも想像しました。鷲山寺供養碑銘文による犠牲者は73名、こちらの碑文によれば57名＋5名の犠牲者です。5名は津波で即死亡したのではなく、後から息を引き取ったということです。

(正面)「南無妙法蓮華経　東海激浪溺死五十七人已来五人精霊　元禄十六歳舎癸未十一月廿有三日」

(側面)「寛政十一□□□施主牛込村男女　世話人同村信者中」

牛込南入地の供養塔（1998年9月）

## ◉長生郡　白子町　牛込　下村龍宮台（しもむらりゅうぐうだい）――――

ここに「津浪塚」があったということですが、現在は龍神様が鎮座しており、一帯は新興住宅街となっていて、ここに犠牲者が葬られたという言い伝えすら確認できませんでした。

## ◉長生郡　白子町　牛込　古屋敷（ふるやしき）――――

墓所中に「津波精霊供養塔」があります。

元禄津波の犠牲者、64名を埋葬した場所で、正面に「元禄十六歳舎癸未　南無妙法蓮華経　東海激浪溺死五十七人、已来七人　精霊」と刻まれています。津波で直接亡くなった方が57人で、その後の死者が7人ということです。『白子町の文化財』によると、享保11（1726）年１月に牛込村人が貝殻に経文を書いて埋め、その上に塔を建てて弔ったということです。その後、百年忌として寛政11（1799）年にこの墓塔が建てられました。『上総町村誌』によると、犠牲者は103名となっています。

津波精霊供養塔（2015年2月）

## ◉長生郡　白子町　古所高（ふるところたか）

郵便局の裏手に「つなしろさま（津波精霊様）」と呼ばれている笠塔婆があります。これによると、「津波諸精霊老若男女二百七十余名遷為　元禄十六年未年十一月二十三日」。建立は正徳5（1715）年、十三回忌に建立されています。鷲山寺の碑文による死者272名、『池上家文書』の正徳五年の項には270名余と記されています。同文書には、南白亀川（なばき）を津浪が逆流して押しのぼり氾濫したことによって被害が大きくなった、と書かれています。

つなしろさま（1998年7月）

## ◉長生郡　白子町　五位高――――

津波精霊様の跡（1998年9月）

字上人塚は「津波精霊様」と呼ばれた塚がありましたが、現在は個人の所有地になっていて、訪れた時にはサツマイモが植えられていました。畑にした時に発見された人骨は、寺の跡地であった道路わきに埋葬されたそうです。鷲山寺の碑文による死者は8名。

## ◉長生郡　白子町　八斗高(はっとたか)――――

屋号吉左衛門（きっつえんどん、と発音します）森川源白家の後方の墓地の内に3坪ほどの無縁墓地として津波塚があります。

鷲山寺の碑文による死者は70名です。

3坪ほどの津波塚（1998年9月）

## ◉長生郡　白子町　中里(なかざと)――――

円頓寺(えんどんじ)に過去帳があり、「当村溺死者239人死ス」と記され、そのうち190人の戒名と俗名が判読できたそうです。しかし過去帳にはかなりの傷みがあり、少々の時間ではとても判読は無理なように思えました。鷲山寺の碑文によるこの地区の死者数は229名となっています。

円頓寺の近くに鬼神台（きじんだい）と呼ばれる地区があり、無縁塚として10坪ほどの砂地が露出した場所があります。そこが塚だと言われていますが、239名という人数を埋葬した土地としては、当時は土葬であったこともありちょっと狭すぎるように見えました。その土地続きに草地がひろがっていて短い草で覆われていましたが、この地を含む一帯が塚ではないかと私には思われます。この土地の一部は現

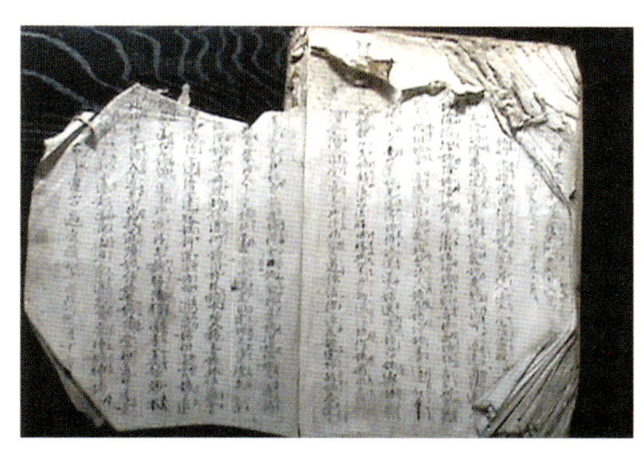

円頓寺の過去帳

過去帳の部分

鬼神台の無縁塚全景（2014年10月）

在共同墓地になっています。試みにこの区画を歩いてみると34歩 ×13歩で、まだ周囲にも余裕があります。

ここには円頓寺さんによって真新しい塔婆が建てられ、今も手厚く供養されています。鷲山寺の碑文では、死者は229名となっています。

## ◉長生郡　白子町　幸治（こうじ）————

道路脇に「無縁塚」、あるいは「津波精霊様」と呼ばれる供養碑がありますが、碑文は判読できませんでした。

大正10年建立の脇塔には「元禄十六年癸未年霜月弐拾参日津波精霊」と刻まれています。鷲山寺の銘文による死者数は304名です。

また、池上家に伝わる古文書に「一代記付リ津波ノ事」という項があります。

> (前略) 元禄十六癸未年夏旱魃シテ冬寒強星の景色、何トナク列ナラズ。霜月廿二日ノ夜子ノ刻ニ俄ニ大地震シテ無止時山ハ崩レテ谷ヲ埋、大地裂ケ水湧出ル。石壁崩レ家倒ル、坤軸折レテ世界金輪在へ堕入カト怪ム。カヽル時

津波精霊様

津波精霊様全景（1998年9月）

津波入事アリトテ、早ク逃去者ハ助ル。津波入トキハ井ノ水ヒルヨシ申伝ルニヨリ、井戸ヲ見レバ水常ノ如クアリ。海辺は潮大ニ旱ル。

サテ丑ノ刻バカリニ大山ノ如クナル潮上総九十九里ノ浜ニ打カヽル、海ギワヨリ岡江一里計打カケ、潮流ユク事ハ一里半バカリ、数千軒ノ家壊流、数万人ノ僧俗男女、牛馬鶏犬マデ盡ク流溺死ス。或ハ木竹ニ取付助ル者モ冷コヽへ死す、某も流レテ五位村十三人塚ノ杉ノ木ニ取付、既ニ冷テ死ス。夜明テ情アル者共藁火焼テ暖ルニヨツテイキイツル、稀有ニシテ命計免レタリ、家財皆流失ス。

明石原上人塚ノ上ニテ多ノ人助ル、遠クニゲントテ市場ノ橋五位ノ印塔ニテ死スル者多シ。

某ハソレヨリ向原与次右衛門所ニユキ一両日居テ、又市場善左衛門所ニ、十日バカリ居テ、観音堂長右衛門所ニ、十日バカリ居テ、同所新兵衛所ノ長屋ヲカリ、同年極月十四日ニ遷テ同酉ノ夏迄住ス。酉ノ六月十三日古所村九兵衛所ニ草庵ヲ結ヒ居住ス。妻ハ観音堂ニテ約諾シテ同十七日引取ル（中略）

サテ又津波入てヨリ月々ニ大地ウゴイテヤマズ、一日ニ五度三度ユル事は酉ノ年マデ不止、其砌二ヶ月三ヶ月の間ハ津波又来トテ、逃去事度々ナリキ。未ノ年ヨリ廿七年以前延宝四己巳年十月十日ノ夜戌ノ刻津波入前ニ大成地震一ツユル、此時波六丁計渡ル由謂伝ル、其前巳ノ年ヨリ五十一年以前巳ノ年ノ如ク入由語リ伝ル、今度未ノ年入タル如クナル事開闢ヨリ以来、此浜ニ不云伝。南ハ一宮ヨリ南サホド強カラズ、北ハ片貝ヨリ北強カラズ、後来ノ人大ナル地震押カヘシテユル時、必大津波ト心得テ、捨家財ヲ早ク岡江逃去ベシ。近辺ナリトモ高キ所は助ル、古所村印塔ノ大ナル塚ノ上ニテ（椿台ト云）助ル者アリ、家ノ上ニ登ル者多家潰レテモ助ル。如此ヨクヨク可得心（後略）

と書かれています。
少し長文になりますが、現在の言葉に直してみます。

元禄十六癸未（みずのとひつじ）年、夏は雨がとても少なく旱魃（かんばつ）で、冬の寒さが強くて星の様子が何となくいつもと違う感じでした。11月22日の夜11時から午前1時の頃、急に大地震があり、なかなか揺れが止みませんでした。山は崩れて谷を埋め、大地は裂けて中から水が湧き出しました。石の壁は崩れ、家は倒れました。天の軸が折れて、世界が地の果てに落ちてしまったかと思いました。「こんな時は、津波が押し寄せることがあるぞ」と言って、いち早く逃げた人は助かりました。津波が来る時は、井戸の水が干上がるという言い伝えがあるので、井戸をのぞいて見ましたが、水はいつものようにありました。海岸は、潮がものすごく引いて干上がっていました。

さて、午前1時から3時頃、大山のような波が上総九十九里浜を襲いました。海岸から約4キロまでも陸に押し寄せ、引いて行くのは6kmほどでした。数千軒もの家が壊れて流され、僧侶も庶民も男も女も数万人、牛馬鶏犬まで全部流されて溺れ死にました。

木や竹にしがみついて助かった人も、寒さで凍えて死にました。私も流され五位村の十三人塚にあった杉の木にしがみつきましたが、もう冷たくてほとんど死にそうになってしまいました。夜が明けてから親切な人々が藁（わら）を燃やして温めてくれたので生き返ったのです。本当に珍しいことに、命だけは取り留めました。家財はみな流れて失ってしまいました。

明石原の上人塚の上に逃げた人は多くの人が助かりました。しかし、海から遠い所に逃げようとして、市場の橋五位にある印塔あたりで死亡した人が多くいました。

私はそれから向原の与次右衛門の所に行き、1、2日いて、また市場の善左衛門に10日ほど滞在、また観音堂の長右衛門の所に10日ほど、やはり観音堂の新兵衛の所の長屋を借りて12月の14日に引っ越して、1年半ほど後の酉年6月13日に古所村の九兵衛の所に粗末な家を建てて生活しました。妻は観音堂で承諾して6月17日に引き取りました。(中略)

さて、津波が来てから、毎月毎月大地が揺れ動いて止みません。1日に3回から5回揺れるのは2年ぐらい続きました。地震が来て2、3か月の間は、揺れると津波がまた来るかと思い逃げ出したのも度々です。今回の地震から27年前の延宝4年の10月10日の夜午後8時から10時頃にも、大きな地震が1回あって、それから津波が来ました。この時には波が岸から650メートルほどまで来たと言い伝えられています。この巳の年より51年前の巳年の折の津波のように大きいものだと語り伝えられています。今回の未の年の津波(元禄16年の津波を指す）のようなことは世界が初まって以来この浜に無かったことです。南の方は一宮より南はそれほど強くなかったし、北方は片貝より北は強くありませんでした。これからの人は大地震で繰り返して揺れる時は、必ず大津波だと思って、家や財産を捨てていち早く岡へ逃げなさい。近い所でも高い所なら助かります。古所村の印塔の大きな塚の上（椿台）で助かった者がいます。家の上に登った者が多かったが、家がつぶれても、助かった者が多くいます。このことをよく覚えておくべきです。（後略）

この古文書は、

(1) 山が無く、海抜の低い土地が広大に広がる地形なので、遠くに逃げようとしても波に追いつかれたが、近くの小高い塚に逃げた者が多く助かった。

(2) 広い平坦地では、海に近くてもよいので、少しでも高い所に避難した方がよい。

(3) 高い場所が無ければ屋根の上でも上がれば助かる確率が高くなる。

(4) 大地震が来たら即大津波が来ると頭に響くようにしておくこと。

(5) 津波が来る時は井戸水が無くなるという言い伝えは必ずしも正解ではない時がある。

(6) ここでは被害者の多くは高谷原、高根本郷村に向かって逃げたが、蝮沼方面の水量が高くなって、逆に押し寄せる水との板挟みになって多数の犠牲者が出てしまった。

ということを後世の人に伝えようとしています。また大地が割れて、水が出たというのは液状化現象が起きたのでしょう。埋め立てられた土地でなくとも、この現象が起こることがわかります。

古老の語るところでは、360余の人を葬ったということです。

妙法寺には、元禄津波犠牲者供養碑と地蔵尊があります。元禄の津波が襲った23日には、廿三夜講の宿であった細谷家に近隣の人々が十数人集まっていました。津波がやって来ると、土手に囲まれていた細谷家には他の近隣の人々も避難してきました。そして、門を閉じた状態で波に襲われ、屋敷内には海水が満ちあふれて、逃げ場を失って多くの犠牲者が出たと伝えられています。犠牲者を弔い、津波の恐ろしさを後世に伝えるために、昭和54年（二七七回忌）に細谷家によって建立されました。手厚く供養されています。

妙法寺の供養碑と地蔵尊

## ◉長生郡　長生村　一松(ひとつまつ)――――

茂原市の鷲山寺の中本山格であった本興寺境内に、250年忌の供養塔があります。正面に「南無妙法蓮華経水死霊」「元禄十六年大津浪本村死者八四五人二百五十年忌供養塔」、裏面に「元禄拾六癸未天十一月廿三日　施主一ツ松村惣郷中」、脇塔に「二百五十年忌供養塔昭和二十七年一松廿八題目講中」と刻まれています。ですから、この一松郷としての犠牲者総数は845人です。

本堂にはとても大きな位牌があります。高さ189.7センチ、幅97.5センチ、厚さ5センチという大きなものです。現在は3枚に分けられて保存され、次頁上、左の写真に見えるのが3枚を重ねた一面です。横のご住職の姿から考えてもその大きさがわかると思います。全部で688人あまりの戒名が記されているのだそうです。

845と688という人数の差は、本興寺の末寺である驚(おどろき)の深照寺(じんしょうじ)に宝暦3(1753)年津波発生の五十年忌に作成された『津浪諸精霊』と題した古文書があり、206名の戒名と俗名が記録されていますので、この寺に供養された人数は本寺である本興寺の位牌には含まれていないと考えられます。

当時の長生村一松郷は、初崎・江尻・久手・高塚・新地・貝塚・新笈・中里・

畑中・城の内・新屋敷・鷲大村・鷲北野村・大坪・蟹道・入山津の16か村で構成されていました。蟹道、新屋敷、溝代、大坪では、「元禄津浪水死諸霊　蟹道、新屋敷、溝代、大坪」と表書きされた冊子によると69名が死亡し、それぞれの戒名と俗名が記録されています。

また、『上総町村誌』には、死者360余を合葬す、と記されています。

本興寺の大位牌（右は3枚広げた姿）

大位牌の一部分

本興寺の供養碑

本興寺の平田義浩さんは、法華宗の機関紙『無上道』に、次のような文章を載せています。

> 当宗千葉教区の一部では、毎年8月28日に僧侶が集まり河施餓鬼供養が行われています。本興寺に安置されている八大竜王の御尊像を網元（漁船や漁網を持ち、漁師を雇って漁業をする家）の家に祀り、一座法味言上させていただいて各網元の安全大漁祈願をして、後に海にて安全大漁祈願、東海岸（当地の海岸）溺死者の追善供養が行われ、お題目の木碑を建てます。この法要が元禄津波と関係があるか否かは定かではありませんが、元禄当時は鰯漁が盛んで、多くの漁師が海の近くに小屋を持ち、網元の下で働いていました。この津波により多くの漁師が犠牲になったと伝えられていること、当地の元禄津波供養碑等を考慮すると、元禄津波が関係して現在このような法要が行われているのではないかと考えられます。

現在長生村では3軒の網元があり、1年ごとに順番に交代で河施餓鬼法要の施主になっているそうですが、私も平田さん同様にこれは元禄の津波と関係があるものと思います。同様に沢山の犠牲者が出ている勝山市鵜原海岸には、海辺に鳥居だけが建てられている場所がありますが、ここで祭の神輿は一度降ろされ、また神社に戻っていきます。この習わしも元禄の津波との関係がはっきり認識されてはいませんが、いずれもその記憶を反映しているのではないかと思われます。

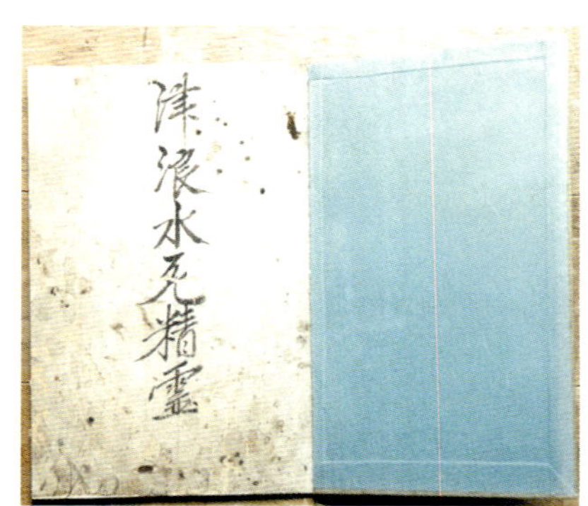

『元禄津浪水死諸霊』冊子

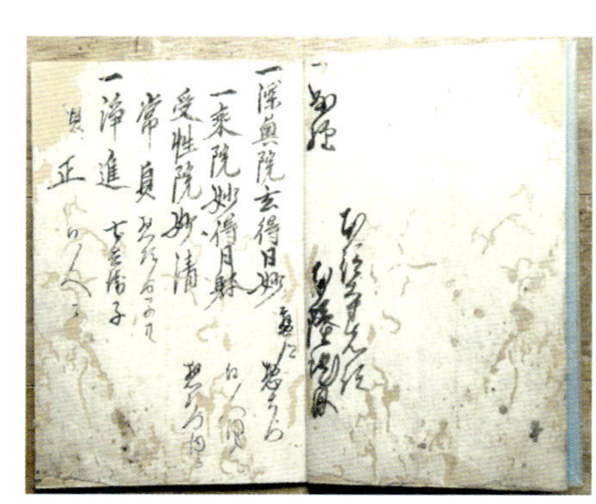

冊子の一部分

## ◉長生郡　長生村　驚（おどろき）――――

深照寺（じんしょうじ）の過去帳によると死亡者206名で、その内訳は、男32、女84、子供29、娘51と記載されています。圧倒的に女性の犠牲者が多いですね。少々長くなりますが、次頁以下の現物の写しを参照して下さい。私もご住職の手を煩わせて写真を撮影しましたが、私のつたない写真よりもはるかに読みやすいので、古山豊氏の作られた資料から転載させていただきます。

井桁家の古文書『先祖伝来過去帳』には、「房総大津波宮城（成）ノ下溜池迄水上ル。夜の九ツ時より大地震ゆり三尺戸自然と明く海辺は一二尺割れ浪より先達て水せき出る」と書かれています。

つまり、「大津波は宮成の下の溜池まで到達しました。地震の揺れで戸が自然に90センチも開いてしまいました。海辺は30～60センチくらいの割れ目が出来て、津波が来るよりも先に水があふれ出てきました」ということです。この文章によって「宮成の下」までということは、波が2～3kmも陸地側に押し寄せたこと、海に近い場所は津波がやって来るよりも先に液状化現象が起きたことが示されていると思われます。墓地には6基の個人墓碑もあります。

また、この津波のために耕作地に砂が押し寄せ、宝永3、4年には隣の宮成村との境界線が分からなくなってしまい、争いが絶えず、奉行所へ訴える状況になっています。

正徳4 (1714) 年には、驚村の地頭筑紫氏の用人から農民に向け出された覚書があります。

> 驚村溜井の儀、元禄十六未の年津波故、押砂にて埋り、もちろん落堀等も押埋り候につき、普請人足前々の通り知行内の人足願いこれあり承知せしめ候、しかれども村々に普請数多これある間、その村の人足にて段々普請致さるべく候、扶持方米の儀は當御年貢にて差引き申すべく候、もつとも普請仕舞候はば、仕様帳面差上げ申さるべく候、そのためかくの如くに御座候、以上（後略）

現代文だと、

> 驚村の溜井や落堀が津波のために砂で埋まってしまい、それを取り除く人足を村が要望した件につき、領主はこれを承知しました。しかし、領地内の

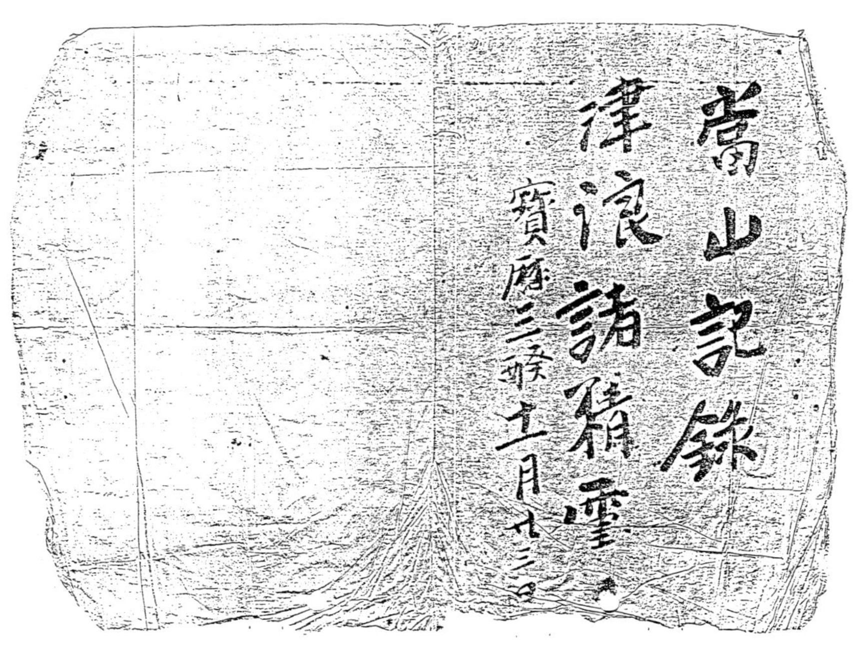

當山記録

津浪諸精靈

寶暦三癸酉十一月廿三日

一 当山開基日建大徳
天文五申年二月朔日寂死

一 当山開基檀頭 齊藤三郎左エ門

一 境内除地四畝二十歩
延寶七未年十一月
内藤式部少輔様御検地

一 本堂再建立
明和元申年九月十九日

一 御本山公様御入 深照寺開基

一 御本山御様屋 檀頭三郎左衛門

一 本堂再建立 松覺院日詮大徳
安永二年巳九月廿六日寂

一 門石
天保二卯年十月
世話人 半兵衛 忠兵衛 / 喜兵衛 寿七 / 利右衛門 七郎 / 市郎兵衛 力右衛門

一 本堂家根替 郡全代
世話人 七郎兵衛 / 半七 / 権右衛門 / 忠兵衛

一 鐘楼修復 寛政二庚戌代
弘化二年十月
世話人 半右衛門 / 庄右衛門
本山寺并江戸宗統願所有之

一 庫裏再建立 嘉永二酉年八月 儀道代
世話人 善兵衛 / 喜兵衛 / 幼兵衛 / 次郎右衛門 / 権右衛門
浄照寺殿御修復之節 / 右作人分總檀中同様之ニ相成

一 当山本堂再建ニ付葬儀執行者ハ同寺檀頭三郎右衛門一家限ノ事

一 檀家中ハ本堂ヲ開キ其日ニ仏前ヲ以何ニ備ヘ苑候様之事

| | | | |
|---|---|---|---|
| 常照院日義 | 当山 | 妙受 | 喜兵衛后室 |
| 玄知院日崇 | 先祖 | 妙知 | 同人娘 |
| 道喜院日如 | 喜兵衛 | 妙幼 | 同人娘 |
| 妙喜 | 同人妻 | 妙持 | 同人娘 |
| 妙信 | 同人嫁 | 妙順 | 同人娘 |
| 妙成 | 同人娘 | 宗心 | 同人子 |
| 妙性 | 同人孫 | 住仙 | 同人子 |
| 道意 | 同人孫 | | |

道善
妙善
妙長
妙増
傳甚
随久
妙卯
道説

与兵衛
同人妻
同人娘
同人娘
同人下女
同人子
同人下男
茂右衛門孝

宗智
妙修
清観
忠貞
常清
妙蓮
法信

与惣衛門
同人妻
同人子
同人子
義兵衛
同人母
同人[illegible]

妙本
妙壽
妙有
妙心
清運
妙蓮
妙清

源兵衛妻
同人嫁
惣兵衛妻
同人娘
孫十
同人母
同人妹

妙仙
妙信
妙円
童綜
智綜
同意
妙意
清閑

四郎右衛門妻
同人娘
惣右衛門妻
同人子
同人子
源右衛門
同人妻
長兵衛

蓮光
妙光
秀傳
妙讃
妙春
妙言
妙法
妙林

与惣兵衛
同人妻
同人子
同人娘
同人娘
同人娘
同人娘
同人娘

妙慶
妙三
宗運
妙雲
蓮久
妙従
妙三
妙存

与惣兵衛孫
同人孫
惣右衛門
同人妻
同人子
清三郎
同人娘
同人娘

妙庭
妙教
迎教
宗久
清久
妙久
妙果
宗作

八郎兵衛
四郎右衛門娘
同人子
同人子
重郎右衛門孝
同人娘
卯之助母
太右衛門後

妙貞
妙讃
妙永
妙集
妙徳
法縁
江月
妙善

同蔵妻
同人妹
同人娘
同人下女
同人下女
同人下男
同人下男
太郎右衛門妻

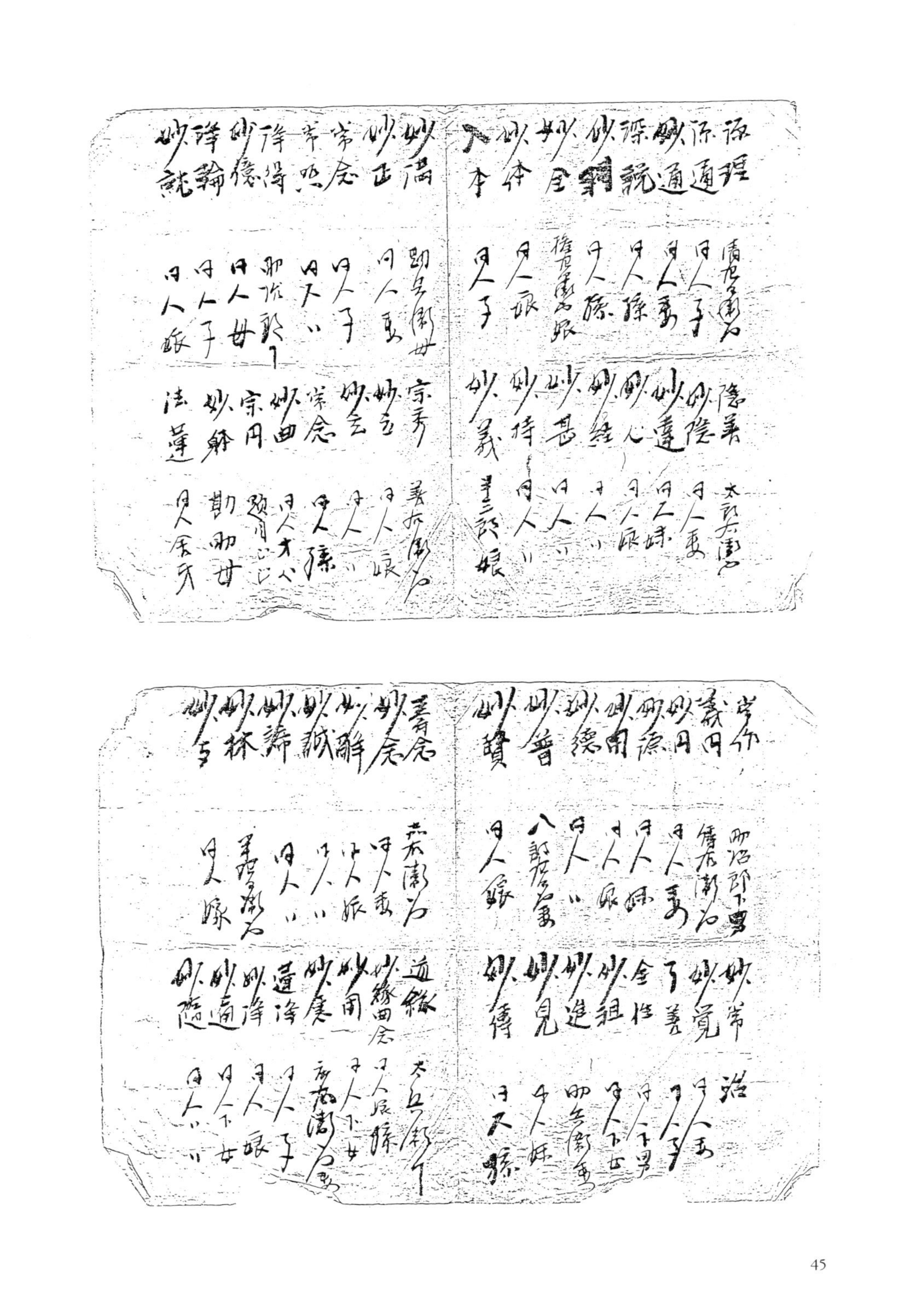

入云
妙云
円道
妙順
妙斯
了旦
円秀
妙念
妙善
受貞
岳正
宗蓮

甚左衛門
同人妻
同人孫
同人娘
同人〃
同人孫
利兵衛
同人妻
同人娘
同人子
同人子
納屋 [illegible]

妙宗
宗瑩
妙常
妙秀
浄真
妙泉
妙信
妙感
円現
妙了
傳立
随宝
妙感
妙信
妙感
從幼陽幼

傳
同人子
同人妹
同人娘
同人子
同人娘
同人〃
同人下女
[illegible]
同人母
同人子
同人孫
[illegible]後家
同人母
同人娘
同人子

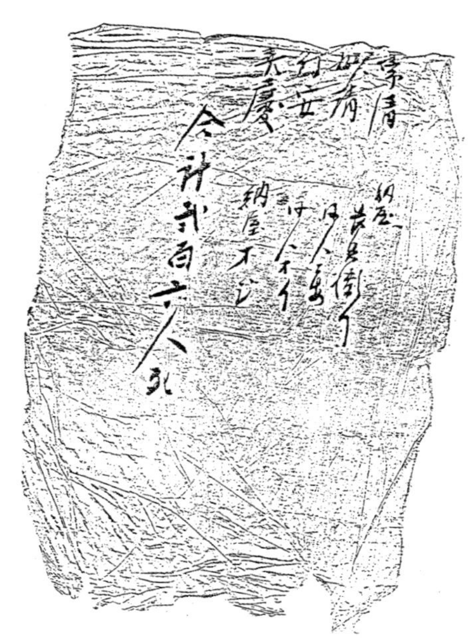
宗清
妙清
幻安
元慶
合計弐百六人
納屋 長兵衛
同人妻
同人子
納屋不[illegible]

村々に普請が必要な場所が沢山あるので、自分の村で工事をしなさい。その人足代（米7俵3斗9升）は今年の年貢から差し引きます。工事が終ったら仕様帳面を出しなさい。

という内容です。砂で村が覆われた事、修復工事の費用は領主が負担していること、費用は年貢で差引して支払われていることがわかります。

深照寺全景

## ◉長生郡　長生村　小泉――――

県道沿いに無縁塚があります。そのことを示す掲示板も石碑も見当たりません

小泉の無縁塚

が、地元では元禄の津波犠牲者を弔ったものと言い伝えられています。地元の方々の温かい気持ちの表れでしょう、きちんと除草され、こんもりと鎮座しています。

## ◉長生郡　一宮町（いちのみや）――――

旧本郷村の享保6（1721）年に書かれた明細帳に、宝永2（1705）年（被災の2年後）に、領主が資金を出して船場権兵衛が潮除け堤を築堤したことが記録されています。

「長二百五十間、馬踏九尺、高六尺、処二間半　是ハ川通潮除堤十七年以前宝永二酉年船場権兵衛様御代官之旨御入用を以て御普請□□座候」とありますが、川通潮徐堤ということは、一宮川を遡って押し寄せ堤防を破壊する津波に対応する堤防だと思います。その規模は上幅2.7メートル、下幅4.55メートル、高さ1.82メートル、長さは455メートルです。

また、別の記録に「川除四百八十間　内　□□二百四十間、御林二百四十間　杭成四ケ所　是ハ一宮川迄清水之上□ハ欠□田畑押流し八斗□所之御入用御普請場御座候」と書かれています。

一宮川が決壊して田畑を押し流すので防潮堤を造った3年後の宝永5年に、一宮川の決壊に備えて480間（約873メートル）が植林されています。半分は領主の

費用負担で、残りの半分は誰なのか判読できませんが、宝永2年に造られた防潮堤の約2倍の距離が植林されたことがわかります（この明細帳はその後廃棄処分されてしまい、現存していません）。一説には加納家9代の久通公がその防潮堤の上に砂防目的の松を植えたのが「お林」と呼ばれ、戦後さらにその前方に植林し、吹き寄せる海風によって砂丘ができた、といわれています。町の教育委員会は、それをおよそ前ページ下図の場所と考えています。

## ◉長生郡　一宮町　新笈（あらおい）（字下村）――――

宝永2（1705）年に、一宮と新笈の両村から代官・野勢権兵衛に差し出された文書によると、流失した家屋166軒、砂で埋まってしまった田35町4反9畝（約35.5ヘクタール）、畑44町9反（約45ヘクタール）だと報告しています。

真光寺の過去帳には3名、五郎右衛門の子勘四郎、三郎右衛門、金十郎、という犠牲者が記録されています。

## ◉長生郡　一宮町　東浪見（とらみ）――――

享保4（1719）年に書かれた、牧野家文書『万覚書写』には、

> 津浪押あげ延宝年中より浪高く、関内は道の下ぎり少く道をこし候所も有之。川田通リは岩切行屋下迄あがり、下通に住居の者も巳年の津浪見聞および地志ん大成ゆへ早く逃あがり候得共、此節も十四五人も水死有之由。地引網六帖不残被打破、此おり我等祖父代職網半帖引申処船網諸道具不残及流失、金百両余損失有之由、一ノ宮は町の下やぶ際迄あがり（後略）

と記してあります。被害家屋は106軒、砂に埋もれた面積は80町歩（約80ヘクタール）。現代語にすると、

津波が押し寄せて来て、延宝5(1677)年11月の津波の時よりも波が高く、関内は道の下ぎりぎりまで波が来て、ところどころ道を越した場所もあり、川田通りでは岩谷行屋下まで来ました。下通に住んでいた人たちは、巳年の津波のことを聞いて知っていたので、大地震だ、津波が来るぞと素早く高い所に逃げました。それでも今回14、5人も溺れ死んだそうです。地引網は、6帖全部破壊されました。この時私たちの祖父は、網を半帖引く船を所有していましたが、船も網も諸道具もすべて流されてしまい、金100両余の損害だったそうです。一ノ宮は町の下藪の際まで波が来ました。

となります。過去の地震の経験を生かして、地震が来た！　それ津波が来るぞ！と、高い場所を目指して逃げ、それでも15人ぐらいの死者が出てしまったことがわかります。ここでも当時の人々は、大地震＝津波と言い伝えていたのですね。

町史の中に興味をひかれた記載がありました。「かつて、東浪見小学校を建設するとき、場所の選定でもめたことがあった。それは、敷地を『海岸近くにすべきだ』との主張に対し、反対派の言うのは、『海岸に近いと津波の時が心配だ』というのである。『東浪見は、過去六回津波の被害を受けている、その土地へ学校を建てるのは適当でない』というのが反対意見であって、結局現在の所に決定したということである。この六回の津波のことを聞いても、知っている人はないが、昔からそのように言い伝えられているということで、前記の弘仁、仁治、慶長、明暦、延宝、元禄の津波が当地にも押し寄せて来ていることがわかる」という記述です。

私は、いつの時代に津波に襲われたと答えられなくても、親から子へ、子から孫へ、6回もの津波があったと語り伝えることで災害への備えができたということは、この地域の宝だと思いました。

## ◉長生郡　一宮町　一宮　下之原（したのはら）――――

古山豊氏の報告書によると、東栄寺の過去帳に犠牲者7名、俗名は、伝吉、半左衛門、同妻、作次郎、同妻、同居者、庄右衛門弟が記載されているとあります。東栄寺は現在弘行寺（ぐぎょうじ）が管理していますが、ご住職はまだ確認していないそうです。

現地に行ってみると、見渡す限り一面平らな田園の中にイチゴ栽培のハウスが点在しています。道路沿いの電柱には、海抜2.4メートルと表示してありました。このあたりの津波の高さは8メートルほどであったと言われています。

## ◉長生郡　一宮町　一宮　新熊（あらくま）――――

ここの無縁塚が津波犠牲者の供養塚と言われているので出かけましたが、近隣の農家で尋ねても場所がなかなかわかりません。5、6軒尋ねて、庭の手入れをしていた古老とおぼしき方に出会え、教えていただきました。たどり着くと、町指定の文化財になっている聖観音菩薩の立姿を刻んだ供養塔が、無縁塚の敷地の片隅に安置されていました。延宝5 (1677) 年の津波犠牲者を供養した、1.25メートルの像です。

教育委員会の案内板によると、この津波では流された家52軒、牛馬26匹、犠牲者150人あまり。田畑は砂浜のようになり、回復までには5～15年かかったと書かれています。さらにこの供養碑も、ようやく元禄7 (1694) 年になって建立

波切地蔵尊（1998年11月）

されたものです。おそらく供養碑を建てられるほど経済的に立ち直るにも、それほどの年月が必要だったのでしょう。

ところが、また元禄16年に津波が押し寄せて来たのです。近隣の村々の記録には、延宝の津波より元禄の津波の方が波が高かったと記録されています。現在の研究では元禄の津波の高さは8メートルと推測されていますから、延宝の被害を上回る被害があり、多くの被災者がこの場所に葬られたと思われます。

しかし、ここには元禄の津波被害を悼むものは見当たりませんでした。もう供養碑を建造する余裕も無かったのでしょう。

小高くなった塚には、近代以降の戦争の犠牲者を祀った大きな石碑が建っています。この地域もまた、自然ばかりか人間の引き起こす災難も大きかったのです。

JR 東浪見駅から数分のところには「浪切地蔵尊」が鎮座しています。延宝の津波の犠牲者を弔った地蔵尊ですが、元禄の津波がこの地点で止まったので、浪切地蔵尊と呼ばれたそうです。平成10年に、古くからあった地蔵尊を胎内に納めて改修したとのことでした。

## ◉長生郡　一宮町　権現前（ごんげんまえ）————

廃寺となった福満寺の跡地に、昭和初期まで念仏堂がありました。この跡地に

権現前の塚（1999年1月）

2メートルほど盛り土されており、地元の人々はこのあたりを供養場と呼んでいます。今は10坪位の広さがあり、無縁塚とも呼ばれ、元禄の津波犠牲者の塚と伝えられています。私の足で、13歩×13歩の広さでした。塚の広さに、死者の多さが思われます。

毎年3月15日には念仏講が行われていると聞きました。

## ◉いすみ市　岬(みさき)町　和泉(いずみ)――――

旧和泉村の『和泉村村方模様書』に

> 右は貞享三年寅年天羽七右衛門様御代官之節、田畑御地詰有之御水帳所持仕候処、元禄十六未年村方は海岸附ニて大波打入、家財被引取、其節御水帳流失仕候。(中略) 当村之義東之端海中へ出張之村方ニて、東南北は荒海西ハ川ニて御座候、北は東浪見村浦境から村内字大東崎迄海岸ニて、同所より南、江場土村浦境迄平浜ニて御座候。都合凡壱里程も有之候、尤海岸岩怔不宜候故、連年欠崩候場所柄ニ寄、本田畑亡失仕候分も御座候、右故大東崎欠損し候ニ随ひ、南之方平浜分も自然入込、連年共地狭り難渋仕候而已ニて、寄洲等は一切無御座候

とあります。現代語にしてみましょう。

> 貞享3 (1686) 年寅年、天羽七右衛門様が代官の時、田畑の検地（面積や等級を実際に測量し決定する）を行って、その帳面を所持していました。ところが、この村は海岸付近なので、元禄16年に大波が襲ってきて、家も財産も流され、その時検地帳も流されてしまいました。(中略) 和泉村は、東は海の中へ突出している村で、東、南、北は荒海です。西は川です。北は東浪見村の浦境から和泉村の中の大東岬まで崖です。そこから南の江場土村まで平らな浜で、およそ1里位あります。海岸の岩は質が良くないので、毎年欠け崩れ、田も畑も無くなってしまった場所があります。これによって大東崎が無くなるに従い南の平らな浜の分も毎年地面が狭くなり困っています。砂浜が

広くなっている所は全くありません。

と報告しています。

現在の太東岬の灯台に立ち寄ってみました。環境省の掲示板に、この灯台は、昭和25年に設置され、昭和47年に激しい海蝕によって灯台敷地が危険な状態になり、100メートル後退した現在地に移設したとのことでした。以前灯台があった場所はいま海の中だそうです。

崖の下を覗いてみました。海蝕を証明するように陸近くだけ海水が濁っていました。普段でもこれほどの海蝕に悩まされている場所ですから、元禄の津波は物凄い勢いで襲いかかっただろうと私は想像しました。古老の言い伝えでは、大昔は岬が現在より8キロメートルほど沖まで伸びていて、先端から伊豆が見えたので「伊豆見」といったのが、現在の「和泉」になったとのことです。「あと100年もしたら今の灯台も海の中だ。その頃私はもうあの世だ……アッハッハ」と笑いました。

和泉の飯縄寺(はんじょうじ)は元は飯縄(いづな)大権現で、地元ではいずな様と親しまれており、遠方からも参詣の方が訪れるそうです。

同寺所蔵文書『乍恐以書付御訴訟申上候事』によると、和泉村の兵左衛門が、中原村の清右衛門、伝四良、源五郎、太郎左衛門、兵右衛門を相手に奉行所へ訴えています。

右は去十一月廿二日夜地震ニ付津浪登リ百姓家数七拾軒余打流シ人馬共ニ大分果申候。就夫私漁船三艘是又津浪被取行方無之候故早速相尋可申与奉存候得共、翌廿三日には果申候者之死骸又生残り候者之行衛を尋寄仕罷在候ニ付、先名主共方より隣村之儀故中原村江以使庄屋共まて申遣候者、今般和泉浦津波にて［　　　　］仕候依之共許村江俵物船具衣装木打上ケ可申候間、紛失無之様に頼入申候段断申置廿四日に成私中原村江罷越船相尋申候処、三艘之漁船之内壱艘は浪に砕レ二艘は少シ之破損ニ而中原村之内平塚天神前と申所に有之故慥見届右之場所近所之者平右衛門与申者江其訳ケ申断罷帰候。其後廿六日に成右之弐艘之船引取可申与人足召連参候処我侭を申不残船を打潰し寄物之由申理不尽に奪取相渡し不申迷惑至極仕候。以御慈悲右之者共被召出被仰付被下候者難有可奉存候委細御尋之上口上可申上候　以上

元禄十七年申正月　　　　　　　　　　　　訴訟人　兵左衛門
御奉行所様

現代文にしてみましょう。

去年の地震で津波が来て百姓の家70軒余が流失し、人も馬も一緒にたくさん死亡しました。その時、私が所有していた漁船も3艘行方不明になりました。さっそく探すべきだと思いましたが、翌日は死亡者の死骸の処理や生き残った人を探さなければなりません。そこで中原村の庄屋たちへ使者を出し和泉浦津波で［　　　　］(文字不明) そちらの村へ俵物、船具、衣装、木材など打ち上がると思うので、紛失しないようにお願いしますと、ことわりを入れて来ました。そして24日に私が中原村へ行って船を探したところ、3艘の漁船のうち1艘は津波で壊れていました。2艘は少し壊れていましたが、中原の平塚天神前という所にあるのを確実に見届けて、近所にいた兵右衛門にその訳を説明して、盗まれないように保管して下さいと念入りに頼んで帰りました。その後、26日に2艘の船を引き取ろうと人足を連れて行ったところ勝手なことを言って、船を全部壊してしまい、漂着物だと言い張り、奪い取って返してくれません。困っていますので彼らを呼び出して返すように命令して下されば、ありがたく思います。この辺の事情をお尋ねなのでその答えです。

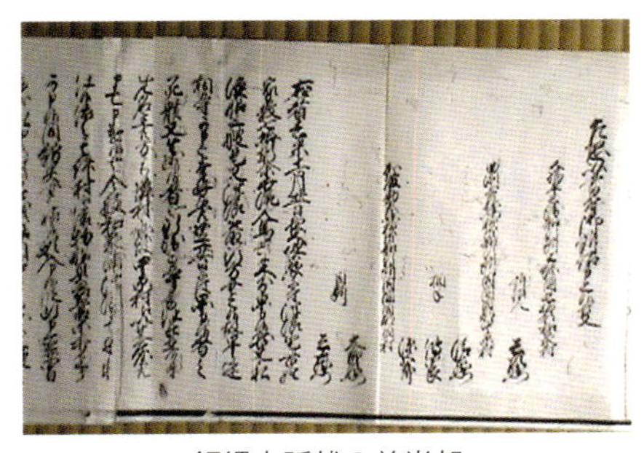
飯縄寺訴状の前半部

飯縄寺仁王門(2014年10月)

という内容です。

平塚天神前は夷隅川の川口から2キロメートルほど上流にあります。天神様は川からまた500メートルくらい離れて鎮座しています。船が川口から2キロメートルも流されたということは、津波の先端はもっともっと上流まで到達したのでしょうね。

また、吉野家の『先祖代々各霊』という文書には、戒名と共に俗名吉野半左衛門妻、半三郎妻、吉野治郎右衛門、吉野吉左衛門、吉野五郎左衛門子、同人子など11名の記載があるそうです。

現在飯縄寺保管の、三合寺（千福寺、本迹寺、福善寺が明治15年合併）の過去帳にも「吉野五左衛門妻、石川八兵衛、石川八兵衛妻、同人子として4名、吉野弥右衛門妻、同人娵（よめ）（息子の妻）、吉野弥兵衛、同人妻、同弥五左衛門、同人子、石川杢左衛門、同人妻、石川重左衛門妻、同五右衛門、同人聟（むこ）、五郎兵衛子、同人子、同人妻、下五右衛門子、下泉長兵衛兄、石川杢左衛門子」と記されているそうです。

墓地には3基の墓石があります。31×53センチのものは年月日と道光信士霊・妙光信女霊、27×60センチのものは年月日と妙全信女霊と刻んであります。33×62センチのものは地震の年月日と道□信士（1文字不明）。

なお福善寺はこの津波で文書が流失したことが記録されていて、地元で「フデンジ畑」と呼ばれているあたりが福善寺であったらしいのですが、波打ち際からは約1.2キロメートルもあります。

また地元の古老の話によると、現在荻原（おぎはら）と呼ばれている飯縄寺より山側にある集落は、元々は沖ノ原という地区にあり、畑も人家もあったのですが、元禄の津波で根こそぎさらわれ、現在の荻原へ集団移住したのだそうです。沖ノ原と呼ばれた場所は今は海の中だそうです。おきのはら、おぎはら——やはりどこか、以前生活していた地名に心残りがあったのではないかと感じられました。

## ◉いすみ市　岬町　押日（おしび）————

『小高家文書』に、「八ツ大地震ニて津浪中滝下迄上ケ申候て、川通り欠申分」とあり、中滝下まで波が押し寄せ川の堤防が欠け崩れたことがわかります。

## ◉いすみ市　岬町　日在（ひあり）――――

海蔵寺の過去帳には14人の死亡者があり（戒名略）、「宮前奥右衛門、助作女房、助作子、半治良兄、治兵衛女房、治兵衛、南長左衛門、半助、助作母、小右衛門女房、半右衛門子、南庄左衛門女房、久右衛門子、久左衛門娘」と俗名を記しています。

海蔵寺は現在は無住になっていて別の寺が管理しているらしいのですが、近隣の家で尋ねても、新住民の家々らしく、はかばかしい返事が返って来ませんでした。近くのお寺でお尋ねしようかなと思いましたが、夕日が傾いてきたので諦めました。

日在の屋号「へいしどん」子安家の庭には、マテバ椎の巨木が何本もあります。近年は高い枝はかなり切り落とされていますが、幹はドッシリと立っています。

その内でも特に太い一本には、元禄の津波のとき、この木によじ登って命拾いしたという言い伝えが残っています。その木を眺めて、ああこの木に登れば助かるだろうなと納得しましたが、今の暦で12月の31日、しかも真夜中、着のみ着のまま逃げたでしょうから、寒さに凍えたことでしょう。第一波のあと、次が来

「へいしどん」家の巨木（2014年10月）

るのかどうかも分からない中、いつまで木の上にいれば良いのか、家族はどうしているだろうか——泣きたい思いだったろうな、と私までせつなくなりました。

### ◉いすみ市　岬町　東中滝（ひがしなかだき）——

法泉寺に津波犠牲者の墓碑がひとつ遺されています。28.1×41センチメートルの墓碑には、「清月浄円信士」という戒名だけが刻まれています。

### ◉いすみ市　岬町（旧宮前村）——

『大木家文書』には、

> 午前2時頃大地震が来て、南東の方角から大波が打ち寄せてきました。波の高さは4.5メートルほど、宮前村の3分の1は波に飲み込まれ、江場土表通りになだれ込み、大川通り、刈谷、大滝下までで止まりました。臼井郷は、潮音寺ふちまで来ました。この時、田は60～90センチほど押し寄せた砂で埋まってしまい、畑は30～60センチほど土が削り取られて、翌年の麦の収穫は全くありませんでした。

ということが書かれています。

### ◉いすみ市　大原　野原堂——

「妙秀□□」と刻まれた27×48センチメートルの墓碑が遺されています。

## ◉いすみ市　大原　坂東―――――

ここの車堂にも墓碑があります。「法名釈円西不還位」と刻まれており、33×63センチメートルのものです。

## ◉いすみ市　大原　渋田（しぶた）―――――

ここには山武市蓮沼村と同様に、小字に「殿」がつく殿山地先に津波除けの堤防が築かれたという言い伝えがあります。文献での証明は出来ませんが、屋号「ごろ助」家の岩瀬キミさんがこの言い伝えを聞いていて、現場に案内してくれました。

写真の左側、木や藪のある所が少し高く土手となっています。海に向かってではなく、川に向かって平行に築かれていますので、津波が川を逆上ってあふれ出る被害に備えたことが見てとれます。蓮沼村と同様に小字の名が「殿山地先」なので、一番先に殿様が守られたのかな？　と思ってしまいました。言い伝えでは、カサゴがいた場所がカサゴ田、鯛を発見した場所が鯛の谷という小字になったと話してくれました。

津波除け堤防の跡（1998年7月）

## ◉いすみ市　大原　新場（しんば）————

照願寺の過去帳に、小浜浦の死亡者として34人の戒名と俗名が書かれています。（重複していると指摘されている3名を含む）

俗名を紹介すると、佐野太兵衛夫婦（2名）、泉州亦左衛門、泉州亦左衛門子、同人弟、浦中九右衛門、同人子息、矢指戸甚兵衛、縄舟太兵衛、西川宗右衛門子息、一ツ松藤地喜兵衛事、縄舟五良兵衛子、一松弥兵衛、一松伊左衛門、同人娘、同人孫、一松伊左衛門娘、同人息女、泉州恩田治良兵衛子、塩田長左衛門、塩田彦四郎、古所市右衛門、同人姉、岩舟小兵衛家来、一松安兵衛、同人子息、布施三重良父、新場言説ニ而往生（死亡した場所を示し、俗名ではない）、縄舟作右衛門子、九十九里善右衛門、同人家来治良助、岩舟助太夫、泉州亦左衛門、同人子息、同弟、九十九里左治兵衛。

遠隔地の泉州（大阪周辺）の犠牲者の名が何人も見られることで、大阪方面からイワシ漁や干鰯生産にやってきていたことがわかります。御住職は東京に在住で、過去帳は拝見できませんでした。

## ◉いすみ市　大原（その他）————

いすみ市大原のうち、当時阿部志摩守が領有していた地域の被害は、

- 内野郷新田村、潰れ家10軒（本家添家共）
- 若山村、潰れ家5軒（本家添家共）
- 釈迦谷村、潰れ家7軒（本家添家共）
- 下布施郷硯村、潰れ家10軒（本家添家共）

となっており、潰れ家合計32軒です。

また松平正忠の領有地では、伊南領浜方で潰れ家207軒、流れ家429軒、破損家1370軒、溺死79人（男39・女40）、馬6頭、牛5頭、破船126艘、流失船320艘、漁業用網が102張流失しました。田畑は65町6反歩余が「潮入、砂押、山崩、川欠」の被害を受けたということです。

阿部遠江守の領有地、内野郷若山村では潰れ家33軒（本家添家共）、そのうち6軒は津波で潰れました。下布施村は潰れ家29軒（本家添家共）です。

阿部壱岐守の領有地、内野郷深堀村は、流れた家16軒、死亡者10人（その内6人は漁業のため滞在していた村外者）、潰れ家53軒です。

## ◉夷隅（いずみ）郡　御宿（おんじゅく）町　久保（くぼ）――――

『房総災害史』によると、ここでは死亡者1名、潰家55軒、流失家15軒とされています。西明寺の過去帳では、「久保ザコヤ五兵衛事」が確認できます。西明寺は江戸期に表記が最明寺に変更されたとのご住職のお話でした。

『楽只堂年録』には「一　高二十四石余　同久保村之内六軒町流家拾五軒」とあります。また『夷隅風土記』によると、「袴山（はかまやま）の麓（ふもと）には、千人塚がある。元禄十六年十一月二十二日夜大地震があり、続いて大津浪が起こって、溺死する者数知れず、当時これを合葬したが、正徳年間に供養塔として建てたものである」ということです。袴山は浅間山とも呼ばれ、浅間神社があります。

この神社と道路を挟んで向かい側に墓地がありますが、その一郭に大きな宝篋（ほうきょう）

千人塚の供養塔（2014年10月）

印塔があります。銘文のすべては読み取れませんでしたが、「正保三年」「人数諸郷八百余」と読み取れますので、この石碑は、元禄より以前の正保3(1646)年に造られたものとわかります。近くの裾無川沿いで落花生の取り入れをしていた人々に尋ねると、宝篋印塔のあるあたりの小字が「千人塚」だということでした。小さい川ですが、津波が押し寄せたらこの川を逆流した波はあたり一帯を襲ったであろうと想像される風景でした。

町の教育委員会の案内文によると、正保以前の災禍の被災者を合わせて、浅間神社に供養碑として建てられましたが、元禄16年の津波でも多くの死者が出たので、供養碑をこの場所に移して一緒に供養した複合供養塔とされているそうです。

私は、もしかしたらあまりの被害の大きさに、新しい供養碑を造る余裕が資金的にも無く、人手も無いために、合同の慰霊碑にしたのかもしれないとも想像しました。

## ◉夷隅郡　御宿町　須賀(すか)――――

『楽只堂年録』に「高二百六拾石同須賀村　一、流家九拾八軒津波ニ而流失」(本家添家共) とされています。

最明寺の過去帳には、「津波」あるいは「津」と添え書きされた戒名と俗名が記されています。「流説浄波　津浪六軒㽵弥市良、驚覚　湯浅八兵衛事、岸清門　浜五良兵衛事、善流門　岩ケ山彦兵衛弟、貞空尼　部田六郎左衛門妹、善心門　タニ甚兵衛ナヤ、値法院一窓浄眼居士　浜五良右衛門事、浄頓禅門　ハラ半三郎弟、浄清門　久保ザコヤ五兵衛事」と9名です。その他に「浄頓門　原長兵衛弟」が元禄の同年月日で書かれていますが、津とも津波とも書かれていません。当日の津波が襲って来る前の昼間に亡くなったのでしょうか。

上記の死者名は、以下の村々の項目にもそれぞれ記載します。『上総国誌稿』には「御宿西明寺元禄中海嘯(かいしょう)(津波)のため諸堂大破す　安永年中之を再興す」と書かれているので、津波はこのお寺のあるかなり奥まで襲ってきたことがわかります。

墓石の写真は、この過去帳を書写した住職義孝の墓です。

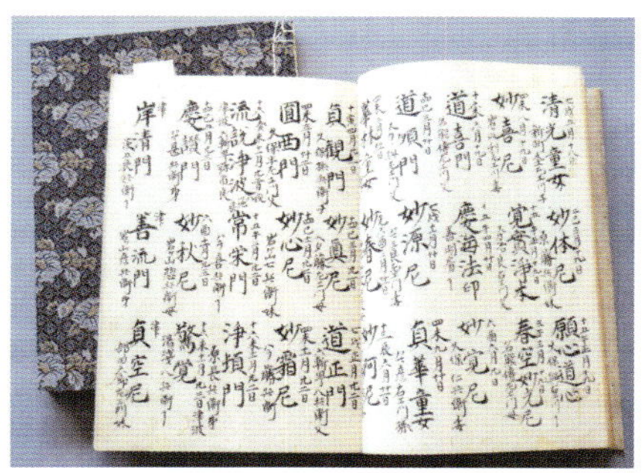

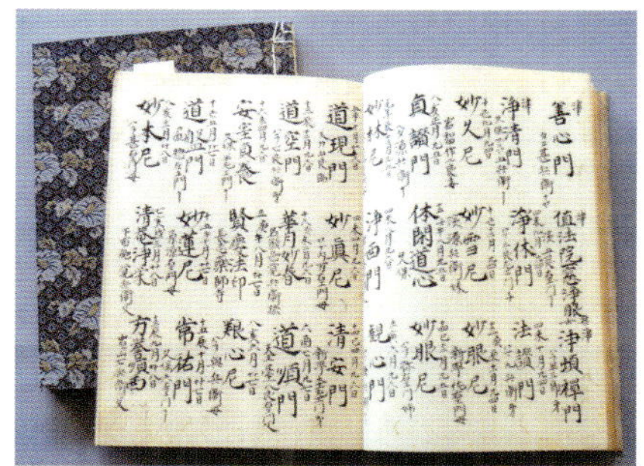

最明寺の過去帳

義孝の墓
（最明寺歴代住職墓地内）

最明寺（西明寺）全景

津波とは全く関係ありませんが、最明寺から帰って気がついたことがありました。私が小学校6年の時の学芸会でのことです。演題は「鉢の木」、北条時頼が旅に出たときの物語でした。その時のナレーションの一節が頭に浮かんだのです。「時の執権北条時頼は、わが子時宗にその職をゆずり、みずから西明寺入道時頼と名を改め諸国行脚の旅に出る。急がぬ旅にいでてより……」というもの。あっそうか！　あの西明寺だ！

あらためてお寺の案内を見ると、確かに北条時頼公ゆかりの寺とあり、御宿という地名も、彼が宿泊した事に由来しているのだという言い伝えも記載されていました。懐かしい思いが湧き上がってきました。実際は時頼の回国伝説は各地にあり、各地の最明寺（西明寺）にそれぞれ伝説が伝わっているそうです

## ◉夷隅郡　御宿町　高山田（たかやまだ）――――

『楽只堂年録』に、御宿郷高山田村では潰れ家13軒（本家添家共）という記録が残っています。

## ◉夷隅郡　御宿町　岩和田（いわわだ）――――

大福寺の過去帳には、「貞昌禅定尼　入宿　作次右衛門母」と津波の死者の戒名が記載されています。ご住職が東京在住で、過去帳は拝見できませんでした。

## ◉夷隅郡　御宿町　浜（はま）――――

『房総災害史』によると、高390石の浜村では死者13名、負傷者30名、死馬2頭、流失家145軒の被害があったと記載されています。西明寺の過去帳に「岸清門　浜五良兵衛事、値法院一窓浄眼居士　浜五良右衛門事」が確認できます。

鶴岡家文書『御宿浦浦方割合帳』には、海辺の地を細々と誰の持分か決めて、高山田村、須賀村、久保村、浜村の4か村の名主、年寄、惣百姓が寄合相談の上決定しており、「右帳面未ノ十一月廿二日夕、津波しおくさり（海水で傷んで）に成候故享保拾六辛亥年五月直し置候」とあります。元禄の津波の被害に遭い、帳面が海水で濡れて傷んだために書き直していることがわかります。

また、『妙音寺文書』には「(年月日略) 夜四ツ時分ヨリ九ツ時分マデ大地震男女死スル者其数余多也。夜九ツ過ギヨリ夜明ニ主トシテ津波三ケ度ニテ入地、旅人十五人水流ニテ死ス」とあり、午後9時から午前0時頃大地震があって、男女とも死亡者多く、午前0時頃から夜明けにかけて津波が三度押しよせ、地域外から漁をするために来ていた人が15名死亡したことがわかります（拙著『新編千葉の歴史夜話』参照)。

また『甘露叢』という書物には、

一、上総国夷隅郡御宿郷村々地震津波ニテ民家潰或ハ流失、尤津波ノ所ハ家財穀物舟網トモニ流失、村々田畑砂押シ入リ川欠山崩等所々ニ有之候由、津波ハ二十七年以前ノ浪ヨリハ二丈余高シトナリ。潰家、四百四十軒、死者二十余人、殞牛馬各一匹

とあります。現代語に直すと、

御宿郷の村々は、地震津波で民家は潰れるか流れてしまいました。津波に襲われた場所は、家財、穀物、舟、網、皆流失しました。村々の田畑は砂が押し寄せ、川は堤防が決壊し、山は崩れた所があちこちにあるそうです。津波は27年前の延宝の津波の時よりも、6メートルあまりも高かったそうです。潰れた家は440軒、死亡者20人余、牛と馬が1匹ずつです。

と、これは伝聞の記録ですが、大規模な災害を記しています。

## ◉勝浦市（かつうら）　勝浦――――

高照寺に残る記録では、以下のようになっています。

元禄十六癸未十一月廿二日夜九ツ子ノ刻前代未聞之大地震大地夥敷破倒家屋不知数同八ツ半刻津波、出水神明先壱丁死人又ハ肴ヲ拾フ。内宿サツダ坂下迄家ヲ流ス　安房上総之内ニ而死者都合壱万人余　諸国ノ死人不知数

現代語にすると、

（年月日略）前代未聞の大地震があり、大地がゆれ、おびただしく家が壊れました。その家数は数えられないほどです。午前0〜1時頃津波が押し寄せて、出水神明の先110メートルほどの所で死人が横たわっていたり、魚を拾ったりしました。内宿サツダ坂下まで家が流れました。安房上総で死者は

合計1万人余、諸国の死人は、数知れません。

ということで、内宿のサツダ坂（川津トンネルの下の坂）の下や灯台へ行く耕地付近で家屋が流されたことを示しています。津波の高さは約6〜7メートルと推測されています。

ここには墓碑もあり、29×80センチのものに「南無妙法蓮華経　元禄十六年癸未十一月廿三日　法入霊、妙理霊、妙了霊」と刻まれています。

## ◉勝浦市　中倉（なかぐら）――――

『房総志料』に夷隅川の上流中倉では「山崩れ谿を塞ぎ水湛えて淵となる」と記されているので、山崩れの土砂で谷川が堰き止められ、水を満々と湛えた池ができたことがわかります。現代ではこの様な場合、ポンプで排水したり、重機で溝を掘って排水している光景が報道されますが、当時はどうしたのでしょう。その後の記録は無いのでわかりませんが、水が増えて決壊していた場合、下流の人家に災害がもたらされたかもしれません。

## ◉勝浦市　浜勝浦（はまかつうら）――――

本行寺の津波犠牲者の墓碑（44×108センチ）に「俗名久我市良右衛門」と刻まれています。

## ◉勝浦市　興津（おきつ）――――

妙覚寺に墓碑1基（42.5×91センチ）があり、「仙妙院道証日仁」と刻まれています。

## ◉勝浦市　鵜原



こ、ポツンと鳥居だけが建っています。この海は紀州根と
ります。鳥居はまさに紀州（和歌山県）の方向を向いて建
居に向かって左後方には大きな塚があります。これは元
したものだそうです。この大きさでは犠牲者が相当数に
録は残されていません。
れたときは茅の生えた大きな塚でしたが、平成27
て森のように見えました。打ち捨てられたような別荘
近隣では「ひとつやま」と呼ばれ、津波の犠牲者の塚
ないようです。
ほどの人数滞在していたのかは不明です。しかし、
中に、正保元（1644）年に紀州の漁業者が、干鰯1
ワシを干す場所として荒地を借り、「えびや」とい
も作ったという記録があります。ですから、この
は相当の人数だったでしょう。
保19（1734）年に天津に滞在していた紀州の人は
夜話』参照）。必ずしも同じほどの人数が鵜原に滞
紀州の人がかなり海岸に滞在しており、また津波
きさから私は想像しています。
、紀州から来たと言い伝えられています。塚の
た真光寺の所有地とのことです。真光寺はちょ
去帳を拝見できる状況ではありませんでした。
があるでしょうね。

は、「紀州根？　聞いた事もないなあ」「ああ、あそこはきゅうしゅうねっていうんだよ」などという反応がありました。塚については、犬や猫が死ぬとあの塚に埋めに来る人が多いとの話でした。いつの間に紀州が九州になったのでしょう。ご先祖さんは塚の中で、「おや、見た事ない変わった犬が来たぞ。可愛いなあ」って楽しんでいるかな？　なんて思いました。

それはさておき、海岸に住み「旅網」と呼ばれた他地方の人々は、地元住民と交流が少なかったので、ここには死者の記憶があまり残らなかったのかもしれません。

真光寺は、元は今の清海小学校の下にあり、350年ほど前に現在地に移転したと伝えられています。寺が移転するというのは大変なことです。津波によるものとは伝えられてはいませんが、私はそのせいだと考えています。

八坂神社の祭礼の神輿と大名行列は町中を練り歩き、この鳥居の前で一度神輿を降ろし、また出発するそうです。紀州漁民との関連は無いとのことでしたが、この行程にやはり何かありそうな気がしている私です。

紀州根の鳥居（1987年10月）

鳥居の後方の大きな塚

## ◉勝浦市　浜行川（はまなめがわ）――――

ここは家が38軒流失、死亡者は不明です。現地を訪れてみると、人家と海の距離がとても近く感じられました。家は38軒も流されているし、近くの鵜原の海岸の巨大な塚を見ると、ここでも私は他国の漁業従事者など多くの犠牲者が出たのではないかと思いますが、記録や言い伝えは確認できませんでした。

## ◉勝浦市　植野（うえの）――――

旧上野村にある香取神社の屋根裏の材木には、「(前略) 大地震大津波上総下総安房相模四ケ国ニ入リ、海辺房州洲ノ崎ヨリ九十九里マデ男女［　　］牛馬不知数房州七浦二十町程陸地ニ成ル。鮑ナド大分上ル大ナル材木ニテ造リ家寺社共不残禿ル、其時江戸モ大地震大火事、男女二十万人死ス」と書き遺されています。上総、下総、安房、相模の4か国を津波が襲い、洲の崎から九十九里まで (以下死亡者の表現が不明瞭です)、牛馬の犠牲は数知れない。房州七浦で20ヘクタールほどが陸地になった。アワビなど沢山打ち上げられ、大木で建設した家屋も寺社もみんな流されてしまった。この時江戸も大地震、大火事で男女20万人も死亡した、と江戸の様子にも僅かですが触れています。

## ◉鴨川市（かもがわ）　天津小湊町（あまつこみなと）――――

誕生寺の前庭が陥没して、今の鯛ノ浦になったという説があります。『甘露叢』には、「房州小湊誕生寺大地震殊ニ大波ニテ、小湊村在家二百七十軒程市川村在家三百軒程、右之通相見エズ門前ノ人百人程死亡、相残人飢渇命ニ及ビ候。寺中六坊浪ニ取ラル、末寺妙蓮寺ハ堂客殿計残　其外ハ皆不見候」とあります。「小湊の誕生寺は大地震、特に津波の被害が大きく、小湊村の家270軒、市川村の家300軒ほどが流失して無くなってしまいました。門前の人は100人ほど死亡しました。助かった人も食べ物が無く飢えに苦しみました」ということです。

誕生寺では6つの建物が津波で海に流され、末寺である妙蓮寺はお堂と客殿だけ残り、その他はすべて無くなってしまったと記録されています。

『楽只堂年録』にも、「地震津波ニ而小湊村家二百七拾軒程、市川村家三百軒程不残不相見　門前ニ而人茂百人程果候由。尤家財之具衣類食物等も無之由」とあり、同様の被害が記載されています。また『長生郷土漫録』によると、誕生寺は明応7年8月23日の地震により境内・寺院が沈没して現在の妙の浦の地に再建したが、元禄の地震で海中に再び没し、やむを得ず朝日山の麓に漂着した木材を使用してまた建立した、としています。

誕生寺には3基の津浪被害者の墓碑があり、それぞれ「妙法非母妙教」「妙勇童女」「□□童子」と刻まれています。

## ◉鴨川市　太海（ふとみ）　仁右衛門（にえもん）島――――

一宮町の『牧野家文書』によると、死者は13名となっています。

しかし、平野吉兵衛が堀田文左衛門他2名に宛てて書いた手紙には「波太　前原家財不残浪ニ取ラレ被申候由驚入存候　殊ニ前原ニテハ仁右衛門御手前子　家来已上十人相果被申候由　笑止千万ニ存候則申上候処無　便ニ被思召候島ニテハ無何事　山へ退避申候由」と書かれています。「波太の前原家は家財残らず浪に流されたそうで大変驚いています。特に仁右衛門家にいるあなた様の子供や家来が10人以上亡くなられたそうですね。笑止千万、すなわち何とも申し上げ様がございません。案じておいでの島では何事も無く、山へ逃げ上がったそうです」ということですから、島では死者が無かったと思います。『牧野家文書』は島の対岸での仁右衛門家の家来などの被害を勘違いしたのではないでしょうか。また、「笑止千万」という言葉が不思議ですが、当時どのような意味で使用されたのかよく分かりません。その後に「すなわち何とも申し上げようがない」と続いているので、気の毒だと相手に寄り添う気持ちなのでしょうが、何とも気持ちに納まりがつきません。

仁右衛門島には津波犠牲者供養塔、地蔵尊があります。

## ◉鴨川市　前原（まえばら）――――

牧野家文書『万覚書写』には、

> 房州前原浦一村にて　家居千軒余りの家不残打流、人も千三百人余死亡申候、牛馬も死失大分に有之候。此節の地震夥き大地震にておか方ニテも□□家寺々共　大分家ともゆりたおし、処々にて人も沢山に［　　　］打連或ハ気を失死人も大分に之有候。

と記載されています。訳してみると、

> 房州の前原浦一村（現鴨川市前原）で家屋が1000軒余り、残らず流されました。人も1300人余り死亡したそうです。牛馬も沢山死んだそうです。今回の地震は、とても大きな地震で、陸地の方でも□□家や寺などが揺り倒され、各地で人もたくさん［　　　］打たれ、あるいは気を失って死んだ人も大分いました。

ということです。

久根埼周太郎氏の論文では、この地震以前の前原は、家数600余軒、江戸廻船30隻、イワシ内船150隻、浦から支払う運上（税金）は1年分で金60両で、ことのほか繁盛していたが、長狭沿岸の波はことさらに高く、前原の家屋は残さず流れ、死者900余名に達したと述べられています。『鴨川町誌』によると死者は927名、『子安家文書』による死亡者は1300名です。

天保7 (1836) 年に書かれた『享保町鑑』によると、元禄16年の津波のために検地帳（土地の等級、面積、誰が耕作しているか、などを記載した帳面）が流失したので、翌年の3月に検地をやり直しています。そして享保4 (1719) 年には津波で損なわれた地が復興し、以前のようになったとして検地のやり直しをしています。

かつてこの辺一帯は慶長の大津波でことごとく流されてしまい、そこで皆で盛土して丘を造り、いざという時の避難場所にしました。そして元禄16年の津波の時には、日枝神社に作られたこの「津波避難丘」に逃げた者は助かったそうです。盛土して逃げる場所を造るという発想と、この地域の人々の実行力は凄いものだと思います。

現在この丘の周囲は多数の元禄の被害者の墓碑が石垣に使用されており、「元禄十六年癸未十一月廿三日」と刻まれているものが確認できるという古山豊氏の報告があります。

行ってみると、神社周囲は現代の工法で堅固に改築されて、石造物は階段を上った右側に集められ台座部分がコンクリートで固められています。墓碑が苔むしていることと、墓碑の間隔が狭いので刻まれた文字を判読するのはとても困難でした。写真の墓石はやっと見つけた元禄の津波犠牲者のものです。

日枝神社の墓石（2014年10月）

別の24×53センチメートルの石碑には、「この碑は大正十四年三月に前原の横田万之助が井戸を掘った時地下壱丈五尺（4.5メートル）の地点から出現したので、元禄十六年の津波で埋まった物と思われる」という意味の一文が刻まれています。

また八雲神社では、古文書が流失する被害があったと『鴨川町誌』にあります。

## ◉鴨川市　横渚（よこすか）

旧横渚村（馬場、横渚、中部、須崎の4集落）のうち、馬場集落（鴨川駅北側）は全村壊滅で住民は横渚台に移住しました。そのため、現在も秋には元住んでいた土地に藁（わら）の御宮を作り地神様に祈る風習が残っているそうです（町史による）。『楽只堂年録』には、田12.2ヘクタール、畑27.5ヘクタールが水損となり、海辺流家305軒、岡方流家49軒、流死人690人余、損牛馬9疋と記録されています。また、横渚の重左衛門という人物は津波被害の翌年、流失した屋敷の権利をめぐって前原町の五郎右衛門を相手取り、奉行所に訴訟を起こしています。

神蔵寺にある津波犠牲者の墓碑は「玄覚禅定門」と刻まれたもの（26×54センチ）、「法順禅定門　俗名小左衛門、□空妙持炅尼」と刻まれたもの（29×50センチ）、「道観禅定門、妙覚禅定尼」と刻まれたもの（42×90センチ）の3基です。

横渚の字東にある観音寺には津波犠牲者の大位牌（21.5×60センチ）があります。同寺の研究によると、表面に合計145名にのぼる戒名が10段に分けて刻まれています。

内訳は、男子64名（うち男児37名）、女子75名（うち女児13名）と判読不明6名です。現在の暦では12月31日の未明のことですから、さぞかし寒かったことでしょう。ご住職は、女性と子どもの犠牲者が多いこと、戒名に寒や雪という文字が多いことに、雪の降る寒い夜だったのだろうかと、被災者の苦難に思いを巡らせておいでです。ご住職が判読された位牌の戒名を転載させていただきました。

他に犠牲者の墓碑が18基あるとの研究報告がありますので、記載しておきます。①（24×49センチ）「妙珠禅定尼」、②（35×65センチ）「妙玄童女」、③（30×76センチ）「智清童女」、④（31×79センチ）「道全禅定門、□□院信女」、⑤（30×97センチ）「妙源信女」、⑥（36×74センチ）「道蓋禅定」、⑦（33.5×75センチ）「道善信士、妙新尼」、⑧（35×67センチ）「□道□信士、妙蓮信如」、⑨（23×68センチ）「妙閑信女」、⑩（23.5×61センチ）「道真信士」、⑪笠塔婆（31.5・21.5×90センチ）「妙林信女、水寒信女、清安信士」、⑫（35×80センチ）「命□信士、妙永信如」、⑬笠塔婆（31・21×105センチ）「夢幻童女」、⑭笠塔婆（30・21×118センチ）「妙源信如」、⑮笠塔婆（30.5・31×150センチ）「俗名　高梨市之□」、⑯笠塔婆（30.5・30×150センチ）「尚光」、⑰（31×92.5センチ）「心月乗慶信士」、⑱（舟形碑で下部が欠損）「道信、妙類」。

また同寺が保管している高梨家の位牌には15名の戒名が記されていますが、

観音寺の大位牌（表）

（裏）

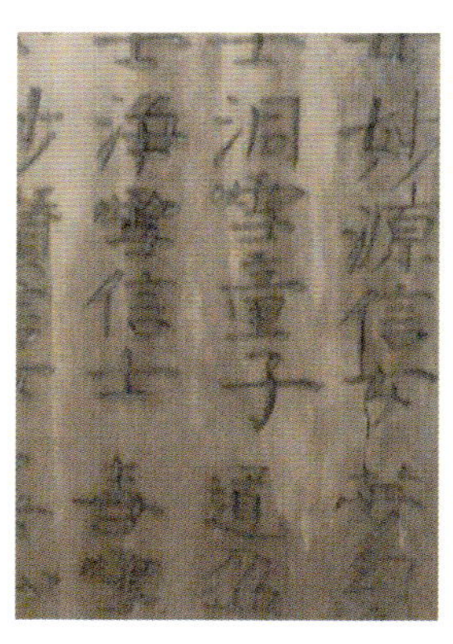

大位牌の一部

元禄地震津波殉難精霊供養位牌

○○○○　○○○○　○○○○　妙清信女　妙町信女　道善信士　○○○○　○○○○　妙栄信女　清意童子
○○信士　妙心信女　妙○信女　妙源信女　全知童子　妙善信女　知三重子　妙榮信女　妙仙信女　妙仙信女
正円信女　妙圓信女　洞雪童子　善譽童子　知山童女　真夢童子　妙善信女　妙円信女　貞寒童子　如幻童子
正清信士　妙悟信女　妙宥信女　清安信士　妙泉信女　道真信士　露幻童子　妙雪信女　正源信士　妙心信女
幻如童子　妙秀信女　知三童女　妙林信女　妙清信女　妙蓮信女　妙閑信女　清幻童子　妙壽信女　妙正信女
心清信士　違雪信士　智清童女　幻真童士　道凉信士　妙順信女　妙凉信女　冬雪童女　幻知童子　正音童子
妙寒信士　如雲童子　乗蓮信士　如幻童女　道壽信士　智清信女　妙智信女　道薫信士　知三童子　壽清童子
妙順信女　妙源信女　夢幻童女　妙蓮信女　妙善信女　妙善信女　妙珍信女　妙宥信女　妙清信女　傾海童女
洞月童士　洞雪童子　遺盈信士　幻真童子　如幻童女　幻夢童士　智三童子　妙乗信女　妙円信女　道教信士
浄専信士　浄雪信士　喜雪童子　逆雪信士　妙壽信女　清三童子　恵心信女　妙悟信女　了誉童子　妙宥信女
妙清信女　妙讃信女　善心童子　幻心童女　正善信士　正清信女　真幻童子　閑入童子　了心童子
妙仙信女　道仙信士　妙善信女　善如童士　妙性信女　凉清信女　妙秀信女　妙善信女　俊了信士
妙永信女　円久信士　妙槃信女　清林童女　智清童女　宥円信士　源雪信士　清林童女　妙正信女
像夢童女　浄水信女　妙専信女　妙玄信女　道円信士　貞寒信士　妙宥信女　遺円信士　真夢童子
乗○信○　壽清信女　知傳童子　善如童士　正意童子　冬雪童子　幻知童子　妙栄信女　如幻童子

裏面　元禄十六癸未十一月廿三日　津波聖灵（靈）
房州長狭郡横渚村観音寺住職勢覺建立

「正清信士、草最正安信士、幻知童女、高学軒梨山覚宥信士、連霊正円信女、離芳軒観蓮浄□□、正寿軒自性妙理信女、月□観心信士、心清信士、妙寒信女」の10名がこの元禄16年の津波犠牲者です。背面には「房州長狭郡横渚村之前原町　施主　本網高梨市之丈」とあります。

高梨家の位牌（表）

高梨家の位牌（裏）

## ◉鴨川市　貝渚（かいすか）―――――

本覚寺には「釈尼芳、釈尼一永」(65×32.5センチ)、施主が泉州貝須賀住長□衛とある「教蹤、一清、悰滌」(舟形墓、31・20×73.5センチ)、「釈一淳、釈教恵」(笠塔婆、27・21.5センチ) と刻まれた3基の墓石があります。泉州とは大阪府南西部ですから、ここまでやって来て漁業に従事していたのでしょう。

心巌寺にも3基の墓石があります。「浄徹禅定門、□徹禅定尼」(32×60センチ)、「清□信士」(35×76センチ)、「願祈誓往願故信士法寿位、一境却月信女福寿位」(40×83センチ)。

常楽寺では「石段の三段目まで津波が侵入した」との記録がありますが、明治期に廃寺になっています。現在の福田寺の東南にありました。現在も近くに屋号として「寺の下（てらんした）」「前の家」などと呼ばれる家があります。

また、一説に常楽寺は当時新浜付近にあったが津波のために石井太右衛門の土地を購入して移転したとも言います。横渚は横手道まで津波が侵入して、土地が崩れました。現在の川口小字新屋敷はその頃から住み始めた集落なのだそうです。鎌田小字狐塚には、死骸を多く埋葬しました。野狐がいたので狐塚と呼ばれたと『新訂鴨川町誌』にあります。

## ◉鴨川市　広場（ひろば）————

鏡忍寺に「妙法　深達院妙浄」(29・22×99センチ)、「妙法　清流院日浄　霊」(笠塔婆、36・32×135センチ）の2基の墓石があります。

## ◉鴨川市　東町（ひがしまち）————

共同墓地に4基、「性浄禅定尼、妙知禅定尼」(31.5×66)、「随流法順信士」(23.5×54センチ)、「光清禅定尼」(上部欠損、33×55センチ)、「真禅信士」(31.5×60センチ）と刻まれた墓碑があります。

## ◉鴨川市　小宮（こみや）————

共同墓地に墓石1基があります。「水覚禅定尼霊位」と刻まれています（32×73センチ)。

## ◉鴨川市　磯村――――

潰家14軒、流家146軒、流船大小70艘、破損船大小11艘、流網大小33帖、流死人3人と『楽只堂年録』にあります。

## ◉南房総市　千倉(ちくら)町――――

旧大川村の文化4 (1807) 年作成の『房州朝夷郡大川村明細帳』の中に「谷湊　元禄十六年未地震之節干方ニ成出来仕候湊一ケ所」とあります。土地が隆起して干潟ができたことと、それによって湊が1か所できたことがわかります。

円蔵寺は旧北朝夷の字寺庭にありましたが、元禄16年の津波に流され、現在の地、石堂に再建されたそうです。

旧瀬戸村では潰家304軒、死者10人、損馬2、田畑9.8ヘクタールを失いました (『楽只堂年録』)。北朝夷村から南朝夷村にかけての千倉浦は、最大で4キロメートル沖まで干潟になりました。

## ◉南房総市　和田町　白渚（しらすか）　東堂

東堂前の石碑（1999年3月）

石碑背面

東堂というお堂前に天保15（1844）年建立の供養碑があります。「元禄十六未天十一月廿三日　大地震津波精霊　施主白渚村三重良」と刻まれ、犠牲者8名で、内訳は成人男2、成人女4、子供男女各1です。

東堂全景（1999年3月）

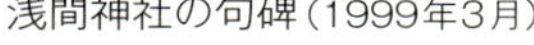
浅間神社の句碑（1999年3月）

句碑背面の文字

浅間神社には句碑があり、その背面には「元禄十六稔十一月廿三日夜半過時有強震、本村西白渚浅間山崩壊自南方亘西方其面積八町余歩埋、滅戸数五戸人員廿八身今尚唱ビャク台是也。東白渚中塚又罹災埋没家数四戸人員廿余体距今実百九十三年也。聊録而為後証明　明治二十八年十二月　加藤七平識」とあります。「夜半過ぎに強震があり、西白渚の浅間山が南から西にわたり崩壊して8ヘクタールあまりが埋まり、壊滅しました。家は5軒、28人が犠牲になりました。今もビャク台と呼ぶ場所がその場所です。中塚でも4軒が埋まり、20人あまりが犠牲になりました。それから193年たちましたが、後の世の証明のために記録します」ということです。

## ◉南房総市　和田町　安遊堂（あゆどう）

安遊堂は明治31（1898）年に建立され、明応7（1498）、天正18（1590）、慶長6（1601）、寛永4（1627）、元禄16（1703）、安政1（1854）、明治29年の地震津波犠牲者を供養していますが、人数の記録はありません。しかし、過去何度もの津波により被害が出ていることがわかります。

安遊堂の供養碑（1999年3月）

安遊堂供養碑の碑文

## ◉南房総市　和田町　和田前（わだまえ）

和田前地蔵堂の経塚（1999年3月）

ここの地蔵堂には経塚と呼ばれる、明治29年4月に建立された石碑が建っています。「和田字和田前古来者称経塚　多埋枯骨蓋往昔墳□堂之地□（後略）」と刻まれています。

岬の上に道路を造成したときに、累々と人骨が出土したので、慶長・元禄の震災被災者をここに埋葬したのであろうと考え、一人の「都人」がこの碑を建てたと言い伝えられており、この都人とは当地と取引のあった漁業商人であったのだろうと推測されています。

## ◉南房総市　和田町　真浦（もうら）――――

威徳院には、津波がここまで押し寄せたという地点を石に刻んで示した場所があります。そこは地区の背後の山の石段を上り詰めた上からたった5段目という、ものすごい高さです。そこから海の方向を眺めると、集落はすべて眼下でした。

『和田町史』によると津波の高さは10.5メートルと推測され、現在の威徳院の前庭は海抜16.41メートルだそうです。

宝暦2（1752）年建立の石碑を天保2（1831）年に再建した石碑によると、

威徳院の石段

威徳院の津波到達地点から海を望む（1999年3月）

天保2年再建の威徳院石碑

> 元禄十六癸未十一月廿三日亦天赦之日也。夜半過大地震而津波至当山階段下、村中溺死八十余人。西白須賀不二山東表自山八分崩落人家宇人数廿八人也

とあります。現代文にすると、

> 元禄16年11月23日は天赦の日（暦の上で最上の吉日）であった。真夜中過ぎに大地震で津波がこの寺の階段まで来た。下の村では80余の人が溺死した。西白須賀の不二山が東おもてから8割崩れ落ちて人家が潰れ、28人が圧死した。

ということです。

## ◉南房総市　旧中三原村――――

村の「区有文書」によると、黒岩村と上・中・下三原村のための農業用溜池と排水樋がありましたが、元禄16年の大地震で大破しました。修復は幕府代官所の費用負担で行ない、人足3000人に扶持米が支払われたということです。

## ◉南房総市　白浜町――――

この地震で南房総の海岸線は5メートルほど隆起したと言われています。白浜町から千倉、和田などにはこの影響で広い砂浜ができました。特に離れた島であった野島は陸続きになり、330メートルほど本土側から突き出した野島崎となったそうです。

## ◉南房総市　沓見――――

沓見村は、当時3人の領主によって支配されていました。その内の1人、能勢日向守の領分であった沓見村上組が、被災の翌月である12月に早くも被害の状況を事細かく領主に報告した文書がありました（焼失して現存せず）。

房州沓見村大地震ニ付破損ノ品々

一、堂社八ケ所　但大神宮　八幡宮　山王宮、釈迦堂、弥陀堂、薬師堂、観音堂、虚空蔵堂。

一、家数六十八軒

内藤兵衛家一軒別儀無御座候其外六十七軒はツブレ申候

一、人数三百九十四人　内九人ハ相果申候

一、御蔵　ツブレ申候ニ付小屋懸仕昼夜共番人置申候

一、馬十九疋　内七疋死申候

一、牛二十五疋　内八疋死申候

一、田方之内一町八反余　当荒

一、畑方之内　二町七畝余　当荒

一、池数合テ六ケ所　堤ワレ申候

一、納米二十一俵二斗三升二合　御蔵ニ有

一、浜出シ置候薪五百束程帰リ申候由船主方ヨリ申来候

一、百姓中之諸道具不残損申候

右ハ十一月二十二日ノ夜大地震ニ付破損仕候御見分奉願候処ニ早速御両人御越被成下我々モ立合村中御吟味之上如斯ニ御座候以上

元禄十六年未極月十一日　沓見村名主　権右衛門

年寄　吉右衛門

仝　惣兵衛

仝　小兵衛

六嶋与兵衛殿

岡山織右衛門殿

以下、一部省略して現代文にしてみます。

①沓見村のお堂や神社8ケ所、家は68軒のうち67軒は潰れました。

②村人の数394人のうち死亡者9人。

③領主の御蔵は潰れてしまったので、小屋を作り、昼も夜も番人をつけて守っています。

④馬は19匹のうち7匹が死に、牛は25匹のうち8匹が死にました。

⑤田のうち1.8ヘクタール余、この津波で荒地になりました。

⑥畑のうち2ヘクタール余、やはり荒地になりました。

⑦6つの池の堤防が崩れました。

⑧領主にお納めした米は、21俵2斗3升2合あります。

⑨海岸に出しておいた薪500～600束が流されてしまったと、船主から連絡がありました。

⑩百姓の諸道具は残らず損害をうけました。

これらを立合いして御確認下さいとお願いしたところ、さっそく六嶋与兵衛、岡山織右衛門の2人が江戸からおいでになり、我々も立合い吟味してこのような被害だということを確認し、報告いたします。

3人の領主のうち1人の分でこれだけの被害ですから、あと2人の支配者の分を加えると多大な被害が想像されます。

## ◉館山市（たてやま）

現在の館山市街は館山湾（鏡ケ浦）に面して平行した砂丘列の上に形成されていて、第2砂丘列から西は元禄16年の大震災の時に隆起した場所です。

津波の影響で館山湾内の中央部では400メートル前後砂浜が後退し、それまであった塩田は廃絶せざるを得ず、新たに形成された干潟が後に新田として開発されたということです。

館山市の被害を、旧地名でざっと見てみましょう。史料は特に記載した以外は『楽只堂年録』に依拠しています。

柏崎浦村は鏡ケ浦に面しており、元禄の地震では高ノ島まで突き出ていた船掛りの土手が崩れ、一方海岸は隆起して「南北二町余東西七町余干潟砂浜ニ相成」（『旧沼区有文書』）とあります。東西約20、南北約800メートルにわたる砂浜ができたということです。文政3（1820）年には崩れた土手の再建が企画されましたが、完成したかどうかは不明です。

真倉（さなぐら）村、沼村を含む三か村では潰家1039軒、死者37人、怪我人20人、損牛馬10疋、破船13艘で、沿岸に生える竹の根が堀り返る程であったといいます。

長須賀村の汐入川は、地震による海岸隆起によって長さが伸び、川口の右岸を元文元（1736）年に新田開発されて村高に加えられています。

正木村のうち、幕府の領地では百姓家14、5軒が潰れ、死者20名を出しました。平久里川の右岸の字干潟は元禄16年の地震で海岸が隆起してできた土地です。

那古寺所蔵の「裁許絵図」を見ると元禄16年以前の海岸線が判明し、那古寺観音堂の崖下まで波が来ていた事を示しています。山腹にあった本堂は地震によって倒壊しました。

西長田村では46棟の建物が倒壊し、死者1名、1町7反余（約2ヘクタール）の田が潰れました。

岡田村では31棟が倒壊し、9反余（約0.9ヘクタール）の田畑が潰れています。

出野尾（いでのお）村では60棟の建物が倒壊し、3反余（約0.3ヘクタール）の田が潰れました。

畑村では随所で山崩れや地割れがおこり、数か所で川を塞がれて道も崩れ、井戸水も出なくなっています（『山川家文書』）。

洲宮（すのみや）村では潰家54軒、山崩れによって砂に埋まり耕作出来なくなった田が6町6反余（約0.7ヘクタール）、畑3町5反余（約3.5ヘクタール）の被害が出ています。

藤原村は、津波による潰家72軒、死人5名、砂に埋まった田が5町8反（約6ヘクタール）、畑6町2反余（約6ヘクタール余）の被害を受けました。

坂井村は津波による潰家8軒、山崩れで砂に埋まった田1町9反余（約2ヘクタール）の被害です。

布沼（めぬま）村では潰家65軒、死者1人、山が崩れ砂に埋まった田1町9反余（約2ヘクタール）、畑3反余（約0.3ヘクタール）

犬石（いぬいし）村では、地震の後に田の水持ちが悪くなりました。

板田（ばんだ）村では、元禄の地震により舟網が流されたため以後干鰯場が使用されなかったことが享保12年の村明細帳によってわかります。

香（こうやつ）村は、地震のため潰家44軒、山が崩れ砂に埋まった田1町4反余（約1.5ヘクタール）です。

## ◉館山市　北条（ほうじょう）――――

享保11（1726）年に書かれた差出明細帳に「北条村の内に塩場これあり」「元禄十六未年大地震にて干潟に罷り成り、塩稼ぎ成り難く、畑に仕り候」「大地震にて浦方悪敷罷り成り、段々不漁相続き候」とあります。「北条村内には製塩をする場所がありました。元禄16年の大地震で土地が隆起して塩田が干潟になってしまいました。そのため製塩が出来なくなったので畑にしました。また、大地震で海の中の様子が変わり、次第に魚が捕れなくなり不漁の年が続いています」と、地震による悪影響を嘆いています。

長須賀村の中の北条村の飛地である字「八石三斗」は八石三斗あまりの塩田でしたが畑になった土地で、他に塩焚（しおやき）という小字も残っています。字北川井、南川井は北条藩の役人川井藤左衛門が開発した新田で、藤左衛門新田という地名もあったそうです。

関西方面からやってきて年貢（税）を払って漁業をしていた人々も、この不漁のため漁をあきらめて帰国してしまい、この地の漁業は衰退してゆきました。

鋸南歴史資料館によれば、この地震で南房総の海岸線は5メートルほど隆起したとされています。また館山の鏡ケ浦や平砂浦（へいさ）など海岸には広い砂浜ができたそうです。

## ◉館山市　新井浦（あらいうら）――――

ここでは津波が襲う2年前には家数84軒でしたが、4名が死亡、潰れた家20軒、半壊11軒と『嶋田家文書』にあります。

また、同家に残る古文書に、船に積んだ薪が津波の被害にあった経緯を役人に報告した記録（浦手形）もありますので、次に示します。

差上ケ申手形之事

一　房州長狭郡従御林、御　公儀様御薪、江戸回シ被仰付候由ニ而当月十九日ニ磯村ニ而、泉州海上寺村長四郎船ニ雑木御薪三千六百拾七束積立出船仕、同廿二日暮方ニ当浦高野嶋へ入船仕掛り罷有候所ニ、同夜八ツ時分ニ大地震ニ而、右の御薪船破舟仕候ニ付、船頭相断申候故、拙者共並ニ近村より人足大勢出シ、御薪随分無油断取揚申候処ニ、雑木御薪千三百三十四束取揚申候。殊ニ当村御役人中茂早速破舟場江御出諸事御指図被成候処、拙者共立合相改、右之束高少し茂相違無御座候。然上ハ御薪船積無御座候内ハ、随分大切ニ仕紛失不仕候様ニ相守可申候。勿論破舟之分ケ並ニ御定浮荷物廿分一之代ハ、当村御地頭地方御役人中へ指上ケ申候浦証文之内ニ委細書付指上ケ申候。為後日手形仍如件

元禄十六歳未ノ十一月廿八日

浦手形というのは、江戸時代から明治の初期にかけて、商売荷物を積んだ船が遭難した時に、役人が前後の状況や、残った積荷を調査して書いた海難証明書のことです。

当時の主な燃料は薪（まき）か炭でしたので、江戸への薪の輸送はとても大切な事業で

した。

では、手形の内容を訳しましょう。

江戸に向け長狭郡の幕府御用林から薪の輸送を命じられ、11月19日に磯村から大津・岸和田あたりにあるという海上寺村の長四郎船に雑木薪を3617束積んで出帆したとのことですが、その船が22日夕方高野嶋へ入船していたところ、夜中2時頃大地震と津波が来て、船が壊れたと船頭から知らせがあったので、私たちと近村の人足大勢を出し、油断なく集めて1334束を集めました。特に当村の役人は、素早く現場へ来て指図し、我々も立会い検品したので間違いありません。ですから、積荷の指示があるまで紛失しないよう大切に保管します。もちろん破船や流れ出た荷物を集めるなど海難救助の報酬として20分の1は当村の地頭地方役人に差し上げました。この件は差し上げた浦証文の中に書付けました。

大福寺の碑文（1999年1月）

惣吉、勘三の名

## ◉館山市　船形（ふなかた）――――

大福寺にある碑文によると、ここでは6名が死亡しています。「生国房州立嶋

村　勘七、上総小久保村惣吉、勘三」あと3名は判読できませんが、故郷を離れて働いていた人々が犠牲になったようです。

宝永年中には、正木久右衛門が元禄の地震で隆起してできた干潟を干拓し、古川新田・川名新田・那古浜新田を開きました。

## ◉館山市　相浜（あいはま）――――

蓮寿院の碑文によると、86名が亡くなっています。「豈元禄十六癸未十一月廿三日　因津浪於当所死亡男女老若八十六人之考今年正徳五乙未天十一月廿三日当十三回忌故為彼亡者此名号建石塔弔忌者也　房州安房郡相浜村立之　施主　武州江戸尾張町　浅田六兵衛」とあります。現代文にすると、「元禄16年11月23日、津波によって、相浜の老若男女86人が死亡した。このことを考え、13回忌であるこのたび、死亡者を慰めるためにこの石碑を相浜村が建てる。施主　江戸尾張町　浅田六兵衛」。施主の「尾張町」という地名から、名古屋方面からも多くの

蓮寿院の供養碑（1999年1月）

人が来ていて被害に遭ったと想像されます。

『楽只堂年録』による被害記録は、流家67軒、死人63、怪我人25人、流船76艘、流漁網702帖などとなっています。

## ◉安房郡（あわ）　鋸南町（きょなん）　富山（とみやま）　高崎浦（たかさきうら）————

鋸南歴史資料館によると、この地方の海岸は、2メートルほど沈み込みました。鋸南町の名主・永井家文書『元禄十六年高崎浦津波記録』によると、

> 夜中時分の事なれハ、あわてさハき思ひよらざることゆへ、方角ちがひ、とかく所謂間もなく家伏し，家人共に沖へ引被出、或ハ出ても川へ落死も有リ、老少不定と云ふながら、十日十五日の内ハ浜磯へ死人数多海からより昼夜犬共かふべ手足をくひちぎり、門戸口迄もくわへあるき、おそろ敷て浜へも不被出、中々見るも思い也。はた辺の分は引波に四壁竹木崩損し、野はらのことくに成りたり、哀無常の次第也、波三ツ打、弐ツ目と三ツ目沖より山のことくに打来リ（後略）

などとあります。現代語にすると、

> 真夜中のことだったので、あわて騒ぎ、思いもよらないことだったので、とんでもない方角へ跳び出す人もあったが、何だかんだと言っている間もなく家は倒れ、人も一緒に沖へ引き去ってしまった。家の外へ逃げ出しても、川へ落ちて死ぬ者もあった。老人であろうが若者であろうが、死には順番はないとは言うが、10日20日の間は、磯や浜辺に死人が多く打ち寄せられて来て、それらを夜となく昼となく犬が頭や手足を食いちぎり、家の門や戸口までくわえて歩くので、恐ろしくて浜へも出られない。本当に見るも無残である。津波が引く時に家の壁を崩し、竹や木も薙ぎ払ってしまったので、あたりはまるで野原のようになってしまった。本当に世の中は無常である。津波は3回押し寄せ、2回目と3回目は、沖の方から山のように押し寄せた。

上に挙げた原文の後に、以下の記述が続いています。「高崎浜の人々は〈みミよう堂〉へ逃げ、浜台の老若男女はみんな円正寺山の西（南の誤りか）の平らな所へ登り避難しました。慌てて外に出たので、着物も帯も忘れて真っ裸で逃げ出した男女もいたという話です」。

夜が明けた23日の朝、人々は光泉寺と寿薬寺へ避難しました。24日に人々は岡に戻り、12月1日まで留まりました。

また、「牛頭天王（ごずてんのう）様社中え波打越せ共、御宮不流何事もなし」ともあります。神社は波をかぶったけれど、お宮の建物は何事もなく無事でした（村人達は御宮のありがたいパワーを感じたでしょうね）。牛頭天王は、現在の岩井神社と考えられていますので、現在の水際から850メートルもあるそうです。圧死8名を含めて35名が犠牲になりました。1日に永井杢兵衛は自宅に戻ってみて、悲惨な有様を知ったそうです。

高崎浦の死者は次の通り。

家屋倒壊による死者8名──浜の金左衛門妹　長命、同所　八兵衛、同所　庄作が妹　いぬ、坂本　五兵衛内方、川向の勘兵衛、塚原　伝兵衛（浜の吉兵衛の所にて）、下り松　利古右衛門下女親子（2名）。

津波による死者27名──浜　三十郎子息、浜　お吉子息、浜　久五郎子息、浜　同人の娘、浜　長左衛門女房、浜　浜勘左衛門　ばあ、浜　六兵衛女房、同人　子息　いせ、浜　六三郎娘　ひめ、浜　茂左衛門　女房、浜　惣左衛門娘　ミの、同人　田町惣左衛門の孫、川向　半四良女房、同人の子息、同所　市良左衛門女房、同人の娘、同人の子息、同人の孫、同人の子息、川向　勘兵衛女房、石小浦場入弐人（浜の半左衛門所にて）（2名）、上須賀　喜兵衛次下女　松、川間　甚五兵衛女房（船形村にて）、川間　庄次郎子息、庄次郎守子（東浦にて）、庄次郎娘まさ

圧死と溺死合計35名ですから、けが人を入れたら、相当の被害と想像されます。

旧小浦（こうら）村は元禄の地震のために平島山・黒崎山が崩れ、南無谷（なむや）村（現富浦町）との磯堺が不明確になったので、漁場を巡って怪我人が出る争いになりました（『平井家文書』）。

## ◉安房郡　鋸南町　保田（ほた）

『鋸南町史』によると、死者は保田浦の別願院に葬ったとあります。寺の掲示文によると、319人が別願院に埋葬されています。別願院でも本堂や、浮世絵作者として有名な菱川師宣の墓石などが流されました。

この津波被害者を追悼して茅葺の地蔵堂が建てられましたが、それもその後の度々の津波・火災などで失われ、石像の元禄海嘯菩提地蔵尊（げんろくかいしょうぼだいじぞうそん）が建てられたと説明文にはありますが、現在鎮座しているお地蔵さんは明治期に奉納されたものです。

近くには古い墓石を集めた場所があり、津波被災の元禄16年と23日は読める碑があります。しかし残念なことに、11月かどうかははっきりしません。

このほか大智庵、正宗寺、観音堂なども流失しました。

旧本郷（ほんごう）村は、『楽只堂年録』によると元禄の地震・津波で、潰家86軒（19軒は地震、67軒は津波による）。死者160人（うち5人が地震、155人が津波による）、怪我人91名、牛12匹、流失漁船38艘、砂に埋まった田畑6反余（約0.6ヘクタール）の被害を出しています。

別願院の地蔵尊

別願院の古い墓石群（2014年10月）

## ◉安房郡　鋸南町　吉浜（よしはま）――――

この地域の津波の死者は、「吉浜浦万灯塚」に葬られたと記録されています。現地を訪れ、近くでお寺にこれから行くという男性に尋ねましたが、そんなものは聞いたこともないとの答え。70～80代ぐらいの女性が5、6人談笑している所に案内してくれました。しかし津波で死んだ人を埋めたなんて話は聞いたこともない、と答えは同じです。夕闇が迫ってきたので、あきらめて帰りました。

その後あらかじめ妙本寺の下、国道の脇にあるとの知識を得て、改めて現地を訪れました。妙本寺を訪れると、あいにくの御留守。隣家の古老と見受けられる男性に尋ねましたが、またもや聞いたこともないと残念なお返事です。とうとう公民館を訪れ、職員の方からいろいろと電話してもらい、やっと場所が判明しました。地域の方からも忘れ去られていることがよくわかります。

万灯塚と思われる場所は、「道の駅きょなん」の国道を挟んで斜め向かい側でした。真向いは崖です。道路から見ると、草木が生い茂っている土地がありました。何の標識もありません。ただ茫々と竹や草木が生い茂っています。

町の誰もが忘れ去り、この場所を知らないという事実。今度津波が来たら甚大な被害が出るのでは……と原稿を書きながら、待てよ、まだお寺さんには確かめていないぞ、と思い、夜分にもかかわらず電話でお尋ねすると、真相が判明しました。

最初に移転された万灯塚の跡地

塚は最初は道の駅きょなんの前の国道の真ん中あたりにあり、国道工事の際に私が見た藪の場所に移設したが、そこも子ども達の通学時に危険だということで、現在は妙本寺域のお堂の近くに移設されているのだそうです。二転三転した結果、無縁仏の石碑などと一緒になってしまい、どの石碑がそれなのか正確にはわからないということでした。

ご住職は、対岸の三浦半島の方からたくさんの犠牲者が流れ着いて、無縁仏が多かったようだとおっしゃいました。なぜ多数の犠牲者を埋葬したと思われる塚なのに町の皆さんが語り伝えていないのか、これで理由がわかりました。きっと親、子供、孫などの家族、近親者の犠牲者はそれぞれの墓地に葬られており、万灯塚は多数の身元不明の人々が埋葬された場所だからでしょう。吉浜も勝山も、あまりに人々伝わる伝承がありません。もちろんこれは、単なる私の想像なのですが。

この海岸には、昔は仏崎（ほとけざき）という岬があり、現在の国道より海側に苗代（なわしろ）という田畑もある地区があったのですが、元禄16年の地震でみな消滅して、現在の引き潮の時に岩が見える海岸になったそうです。

## ◉安房郡　鋸南町　勝山（かつやま）————

『楽只堂年録』によると勝山村では流家296軒、流失船197艘、死者137人とあります。また勝山浦の千人塚に津波犠牲者を葬ったという記録があります。大黒山の観音堂の脇にあるという知識を持って現地を訪れましたが、前出の万灯塚と同様で、古老とお見受けする人々に尋ねても聞いたことがないという返事しか戻って来ませんでした。観音堂の近所でいくら尋ねても、知らないというお答えばかりです。観音堂の前から町の教育委員会に電話してお尋ねしました。すると、クジラ漁の開祖醍醐新兵衛の墓があるとのことで、その奥の大きな石碑を案内されました。明治36年に建立され、「水難紀念碑」とだけ刻まれています。元禄16年の津波犠牲者を弔っているということは見ただけでは全くわかりません。教育委員会に電話しなかったら、この石碑が津波犠牲者を供養したものだと知ることは出来なかったでしょう。案内文なども何もありません。

観音堂の前に教育委員会によって建てられた案内文には、津波の折、醍醐新兵衛へここから逃げよという観音様のお告げがあり、妙典寺の高台に逃げ難を逃れたという伝承が書き記されています。しかし古文書では、醍醐家の子、弁之助とその乳母が溺死しているのも事実です。

また、浄蓮寺境内の松の木につかまっていて助かった人があり、以来これが「お助けの松」と呼ばれたという言い伝えがあるとのことで、写真を撮りに行きました。お寺の案内板によると、「お助けの二本松」と呼ばれ、津波に流されて来た人が数人この松にしがみつき助かったと伝わるが、残念ながら数年前に枯れてしまったそうです。しかし2本とも元株から新しい若松が生えてきたとのこと。珍しいですね。枯れる事を予知した親松がしっかりと松かさを落したのでしょうか。今の松は3代目だそうです。

千人塚の水難記念碑（2014年11月）

3代目のお助けの松（2014年11月）

## ◉安房郡　鋸南町　元名（もとな）――――

旧元名村には大津波が押し寄せる直前の11月に作成された年貢割付状（納税命

令書）と翌年の年貢割付状が現存しています。この2つを比較すればこの村の被害状況がわかると思い、集計を始めました。

しかし集計作業をして行くと、なんとこの村は、津波被害のあった年より翌宝永元年の年貢負担が増えているではありませんか。元禄16年の納税命令書は津波が来る前に作られたものです。宝永元年の文書は被災後に命令されたものですから、当然年貢は減少しているとばかり思っていました。元名村の被害がどの程度だったかはわかりませんが、他の村々では、悲惨な状況しか見えてこなかったからです。

表1と表2を見て下さい。津波被害前の課税対象の田の広さは約8.7ヘクタールだったのが、翌年には約12.8ヘクタールに増えているのです。津波の被害で耕作できないと評価された田が5.6ヘクタールもあるのにです。前年不作として免除されていた田が耕作できた土地として評価されているのです。たった1年で、米が取れると評価できる水田がこんなに増えるでしょうか。

そして津波被害で、畑の方は約17.4ヘクタールが、16.6ヘクタールと少し減少しています。これは山が崩れて畑になった0.6ヘクタールの増加を含めてです。

その田から徴収する年貢の米は、33.4石から48.2石に増加しています。畑から徴収する銭は1貫261文の増加です。税率は屋敷以外の耕作地は田も畑も全て上昇しています。

現在1石は150kgとされています。現在の換算でゆくと1俵は60kgですので、米だけでも37俵増税されたことになります。貨幣で納める分は1貫261文の増加です。この1貫余が現在の価値でどのくらいのものか正確にはわかりません。しかし前年の税の1割増加ですから、過酷な徴収と言えるでしょう。

さらに、農民たちは津波で減少した土地の面積をきちんと測量するために、支配所から見分の役人を出して下さいと嘆願書を出している状況なのです。

元名村は津波のあった翌年が大豊作だったのでしょうか。それとも、自分の懐を温かくするために、民から搾り取ろうと企んだ、吸血鬼のような殿様だったのでしょうか。

今の時点では私には結論が出せません。これは読者の方にも教えを請いたいと思います。

表1　元名村田畑の広さ比較

| 元禄16年 | | | | | 宝永元年 | | | | | |
|---|---|---|---|---|---|---|---|---|---|---|
| | 町 | 反 | 畝 | 歩 | | 町 | 反 | 畝 | 歩 | |
| 上田 | 2 | 4 | 8 | 27 | 上田 | 3 | 2 | 6 | 9 | |
| 中田 | 2 | 4 | 7 | 18 | 中田 | 3 | 3 | 4 | 27 | |
| 下田 | 3 | 7 | 8 | 24 | 下田 | 6 | 1 | 6 | 6 | △3, 3, 8, 12津波荒当引<br>＋6, 19山崩れで畑になる |
| 下々田 | | | | 0 | 下々田 | | | 2 | 21 | |
| 計 | 8 | 7 | 5 | 9 | 計 | 12 | 8 | 0 | 3 | ＋4町　0反　4畝　24歩 |
| | | | | | | | | | | |
| 上畑 | | 3 | 4 | 7 (111) | 上畑 | | 3 | 4 | 0 (121) | |
| 中畑 | 2 | 4 | 8 | 24 (95) | 中畑 | 2 | 4 | 8 | 24 (105) | |
| 下畑 | 6 | 7 | 6 | 13 (79) | 下畑 | 6 | 7 | 6 | 13 (89) | |
| 山畑 | 7 | 7 | 8 | 5 (55) | 山畑 | 7 | 0 | 5 | 4 (65) | 6反　3畝　21歩　当不作引 |
| 計 | 17 | 3 | 7 | 19 | | 16 | 6 | 4 | 11 | △7反　3畝　8歩 |
| 屋敷地は略 | | | | | 屋敷地は略 | | | | | |

表2　元名村年貢(税)の比較

| 田畑 | 元禄16年11月 | | | | 宝永元年11月 | | | | 増　減 | | | |
|---|---|---|---|---|---|---|---|---|---|---|---|---|
| 上田 | 11石 | 2斗 | 0升 | 1合 | 14石 | 6斗 | 8升 | 4合 | ＋3石 | 4斗 | 8升 | 3合 |
| 中田 | 9 | 6 | 5 | 6 | 13 | 0 | 6 | 1 | ＋3 | 4 | 0 | 5 |
| 下田 | 12 | 5 | 0 | 0 | 20 | 3 | 3 | 5 | ＋7 | 8 | 3 | 5 |
| 下々田 | | | | | | | 6 | 6 | ＋ | | 6 | 6 |
| | | | | | | | 7 | 3 | ＋ | | 7 | 3 |
| 田計 | 33石 | 3斗 | 5升 | 7合 | 48石 | 2斗 | 1升 | 9合 | 増14石 | 8斗 | 6升 | 2合 |
| 反当り税 | | | | | 反当り税 | | | | | | | |
| 上畑 | | 3 | 80 | (111)文 | | 4 | 14 | (111)文 | ＋　34文 | | | |
| 中畑 | 2貫 | 3 | 64 | (95) | 2貫 | 6 | 12 | (105)文 | ＋　248文 | | | |
| 下畑 | 5 | 3 | 44 | (79) | 6 | 0 | 20 | (89) | ＋　676文 | | | |
| 山畑 | 4 | 2 | 80 | (55) | 4 | 5 | 83 | (65) | ＋　303文 | | | |
| 畑計 | 12貫 | 3 | 68文 | | 13貫 | 6 | 29文 | | 増1貫261文 | | | |

## ◉富津市(ふっつ)――――

『楽只堂年録』に、加藤村では元禄の地震で領主の御林が崩れ、田地に砂が押し込んでいると記録されています

## ◉船橋市――――

旧船橋村の漁師が堀江村と猫実(ねこざね)村を相手に享保15 (1730) 年に奉行所に訴えている古文書がありますので、次に示します。

一、船橋浦の儀古来より御菜浦にて他村の漁師入込猟いたし候事無之候。若浦の様子を不存不図入込候節は前々より取り上げ証文為致一切入れ不申候。浦境の儀は、東はおちのみよより西はかいがみよ迄御菜の魚猟場にて、高根、二かいの洲、三番瀬と申洲、形通り地引網と申大網挽場ニ御座候。尤おちのみよよりかいがみよ迄を船橋浦と申、かいがみよよりはねだ浦境迄を江戸前と申来候事。
一、権現様御入国以来、御台所の御菜肴一ケ月に六度宛其日に差上ケ候。御肴船橋村より直に持参仕候。先年は船橋村に御殿有之東金に御成の度に船橋御殿は不及申、東金御殿迄御采之魚類差上ケ申候。其外葛西、越ケ谷、戸田、鴻ノ巣御成の先々迄御采御肴持参仕差上申候。右之通、御台所え一ケ月六度宛、尤年中十二ケ月共年々御采御肴差上来リ候処、廿八年以前未年大地震にて御肴払底に罷成候に付、翌申年平岡三郎右衛門様御代官所の節其段奉願候得は、御吟味之上御菜代金納に被仰付、今以御代官様御代々之年々上納仕、漁猟渡世仕来候御事（中略）
一、船橋浦漁師の儀は古来より漁猟一通りのかせぎにておちのみよよりかいがみよ迄の内斗にて漁猟仕。殊に毎年九月より三月迄は貝類を取上御菜上納仕、漁師共渡世仕候。

尤御入国以来御台所御菜御魚毎月六度宛年々差上来リ候処に　御肴払底に罷成廿八年以来は御菜代金納に被仰付、壱ケ年に金三拾両より拾両弐分まで年々上納仕候得共、猟場の儀はおちのみよよりかいがみよ迄少々の場所にて

外に魚猟場一切無御座候（後略）

一部簡略に、現代語に直してみましょう。

船橋浦は、昔から徳川家へ魚を上納する浦なので、他の村の漁師は操業禁止でした。もし、知らずに入った場合は漁具を取上げ証文を取り、その後は決して入らせません。浦の境界は、東は「おちのみよ」から、西は「かいがみよ」までが将軍家御菜の魚の漁場で、「高根」、「二かいの洲」、「三番瀬」は大網を引く場所です。「おちのみよ」から、「かいがみよ」までを船橋浦と言います。「かいがみよ」から羽田浦までを江戸前と呼んで来ました。

家康公が江戸へお出でになってから、お台所用の魚を1か月に6回船橋村から直接献上して参りました。船橋の御殿は言うまでもなく、東金の御殿にお出かけの時も現地へ持参しました。そのほか葛西、越谷、戸田、鴻巣など上様が出かけられる先々へも持参して来ました。ところが、元禄16年の大地震で魚が獲れなくなりました。翌年平岡三郎右衛門様が代官の時に、魚を持参するのではなく、金を納めるように変更して頂きました。今も、上納金を支払って漁業を営んでいます。（中略）

船橋浦の漁師は昔から、漁業だけの稼ぎで、「おちのみよ」から「かいがみよ」までだけで操業しました。特に毎年9月から3月までは、貝類を取り上納して生活しておりました。しかし魚が獲れなくなり、28年前以来は年に金30両から10両2分まで上納して来ました。

文書のこの後に続く部分で、船橋村の漁師たちは、「漁場は少々の場所で、他の稼ぎ場は一切なく、よそ者はもちろんのこと、村人でも税金を払わない者は舟で漁をするのは禁止されているにもかかわらず、元来塩田と農業の村だった猫実村と堀江村が塩浜が荒れたため最近漁業も行っており、船橋浦へ盗み漁に入ろうと企んでいる」と主張しています。この内容から、元禄16年の大津波で海中の様相が変わって献上用の魚が獲れなくなり、現物の魚ではなく金銭での負担に変更されていることがわかります。また漁獲量が減少し、他の村の漁場に入り込んで操業することによる争いが起こっていることもわかります。塩浜が荒れたのも、津波の影響があったのではないでしょうか。その後も、船橋村と九日市村、海神村などが猟場を巡って争ったことを伝える古文書が残っています。

津波の被害から話題がそれてしまいますが、日常「江戸前寿司」という言葉がよく使われますね。私は漠然と東京湾で獲れた魚と思っていましたが、船橋の漁猟場から羽田村の沖までを江戸前と言う、と書いてあります。ハッキリした区域を知って、目からウロコの思いでした。

しかし船橋のように都市化が進んで海岸が埋め立てられ、新興住宅街や工業地帯になった地域では、古文書の発見は非常に困難なことです。

## ◉浦安（うらやす）市――――

船橋市の項で出てきた猫実村沿岸ではイカ漁が盛んでしたが、元禄の地震のため江戸湾内の地形が変化し、漁獲量が減少しました。そのため、作り藻を海中に沈めて人工の漁礁とするイカ網漁を猫実村の人々が開発して、江戸湾岸の浦々に広まったそうです。

## ◉市川（いちかわ）市――――

本行徳（ほんぎょうとく）村、欠真間（かけまま）村、湊（みなと）村の3か村が、明和6（1769）年に塩浜に対する年貢を減免してほしいと訴えましたが、却下されました。そこで古くからの由緒を説明して再度願書を提出し、年貢の減免が認められています。由緒とは、家康公が我が領地一番の宝だと塩焼百姓にお褒めの言葉と金を与え、二代秀忠公は金3千両を、三代家光公からは2千両の手当金を戴いているということです（拙著『新編千葉の歴史夜話』参照）。船橋市の項で、周りの村々の塩浜が荒れたと漁師たちが述べていたことを紹介しましたが、この村々でもおそらくその時には塩浜が津波で大きな打撃を受けたのでしょう。ただ、そのことを証明する記録はありません。

宝永元（1704）年に書かれた「塩浜自普請金拝借手形」（『清沢家文書』）という古文書があります。元禄の津波と宝永元年の高潮のために荒れた製塩の場所を各村で修理するためお金を拝借しました、という借金証文で、すべての村が5か年の年賦です。各村の借りた金額を記します。

| | |
|---|---|
| 本行徳村 | 70両余 |
| 下妙典村 | 41両余 |
| 上妙典村 | 37両余 |
| 田尻村 | 16両2分164文 |
| 高谷村 | 26両余 |
| 関ヶ島村 | 8両1分余 |
| 伊勢宿村 | 8両1分余 |
| 押切村 | 26両余 |
| 湊村 | 24両余 |
| 湊新田 | 13両余 |
| 欠真間村 | 57両余 |
| 新井村 | 18両余 |

# おわりに

ひとつ、私の勝手な思い込みを聞いて下さい。

東日本大震災後、新聞やテレビなどいろいろな報道で「津波てんでんこ」という言葉がよく使われましたね。

この言葉は最初「てんでんこう」と使われたのではないか、とも私は思っています。

ごく最近まで、地方に行くと、伊勢講とか富士講とか秩父講とか無尽講など、様々な「講」がありました。村、集落など、ある集団で毎月一定の金額を集めて積み立てます。ある程度貯まると、講に加わっていた者のうち、必要のある何人かが使用します。

たとえば、3人でお伊勢さんに参詣する費用に充てるとします。次に貯まった時には、この3人以外の人が行きます。こうして順番にそのお金を使う権利を廻して行く相互扶助のシステムが講です。この旅に一緒に行った者は一生兄弟以上の交際をする、などの決まりがある場合もあります。楽しい旅、辛い旅、死にそうな場面、雨の日も風の日も、途中で誰かが病気にかかることもあります。お互いに金銭的にも旅の行程でも、助け合って行くのです。

旅行だけでなく、今年は屋根を直すから〇〇どんが使う、とか、嫁を貰うから××どんへ、などの話し合いが持たれる講もあります。

てんでんは各自、自分でという言葉です。私も子供の頃、どこかへ出かける時、集合しないでゆく時は「てんでんでいくべえ」と使いました。「銚子の川口てんでんこ」という言葉を聞いたこともあります。河口では利根川の流れと海の潮流による複雑な波があり、とても危険な場所なので自分の船を操るのに精一杯、互いに助けることなどとてもできない。普段は皆で共同して危険には注意するけれども、皆で助けあう講ではなく、各々での講ですよ、自己責任で困難を乗り越えるんだよという意味であったのでは、などと思うのです。「てんでん講」が短くなって「てんでんこ」。もちろん、確たる根拠のある話ではありません。

私の前著『新編千葉の歴史夜話』は、まったく歴史の知識がない方にもわかるようにと心掛けて書きました。しかし、今回は歴史を学んだ方にも興味を持って読んでいただきたいと思い、古文書の原文も入れました。ややこしい事が嫌いな方は、そこはどんどん飛ばしても、江戸時代の人々がどんなに大変な思いをしたのかは理解できるでしょう。資料は、各市町村の市町村史、所蔵者の原本、古山豊氏の研究などから引用しています。また、適宜句読点は補ってあります。

突然訪れた私に、貴重な古文書やお位牌を見せて下さったお寺様、当日はご都合が悪く拝見できなかったため後日わざわざ写真を送って下さったり、所蔵のデータを私のカメラに複写して下さったりしたお寺様、偶然出逢って親切に案内して下さった住人の皆様、また拝見できなかったお寺様でも古老の言い伝えなど教えて下さったりと、さまざまな良いご縁を戴きました。出逢えた皆様に、ありがたく心からお礼申し上げます。この本を読んで下さったあなたにも、ありがとう、と申し上げたく思います。

本書の表紙は私が撮影した、初代武志伊八郎信由によるある寺の彫刻の一部を、グラフィックデザイン化したものです。彼は波の伊八と呼ばれ、九十九里の荒波をすばらしい技術で表現しましたが、決して津波を意識したものではありません。なお、このお寺では現在拝観も写真撮影もできませんので申し添えます。

最後になりましたが、拙い私の原稿に、悪戦苦闘、編集の多大な苦労をおかけした竹中朗さん、調査時の交通の便宜をはかって下さった神西泰さん、私の人生に常にエールを送り続けてくれた與島瑞穂子さんに深く感謝いたします。

そして、本書で見てきたような災害が二度と千葉の地で起きませんよう、本書を読まれた方はそれぞれの地域で「講」のように、この知識を共有してほしいと思います。そして万が一起きたときは知識を生かして各々の力で――「てんでんこ」で――生きのび、お互いに助けあって、日々感謝の幸せな生活ができますよう祈りつつ、筆を擱きます。

合　掌

畑中　雅子

野田市
流山市
我孫子市
柏市
松戸市
鎌ヶ谷市
白井市
印西市
栄町
成田市
神崎町
香取市
東庄町
旭市
銚子市
川口
飯岡町
匝瑳市
多古町
芝山町
富里市
酒々井町
佐倉市
八千代市
市川市
船橋市
習志野市
四街道市
八街市
横芝光町
山武市
千葉市
東金市
九十九里町
浦安市
船橋市
市川市
浦安市
蓮沼
成東松ヶ谷
成東本須加
片貝
粟生

◉本書でとりあげた地域

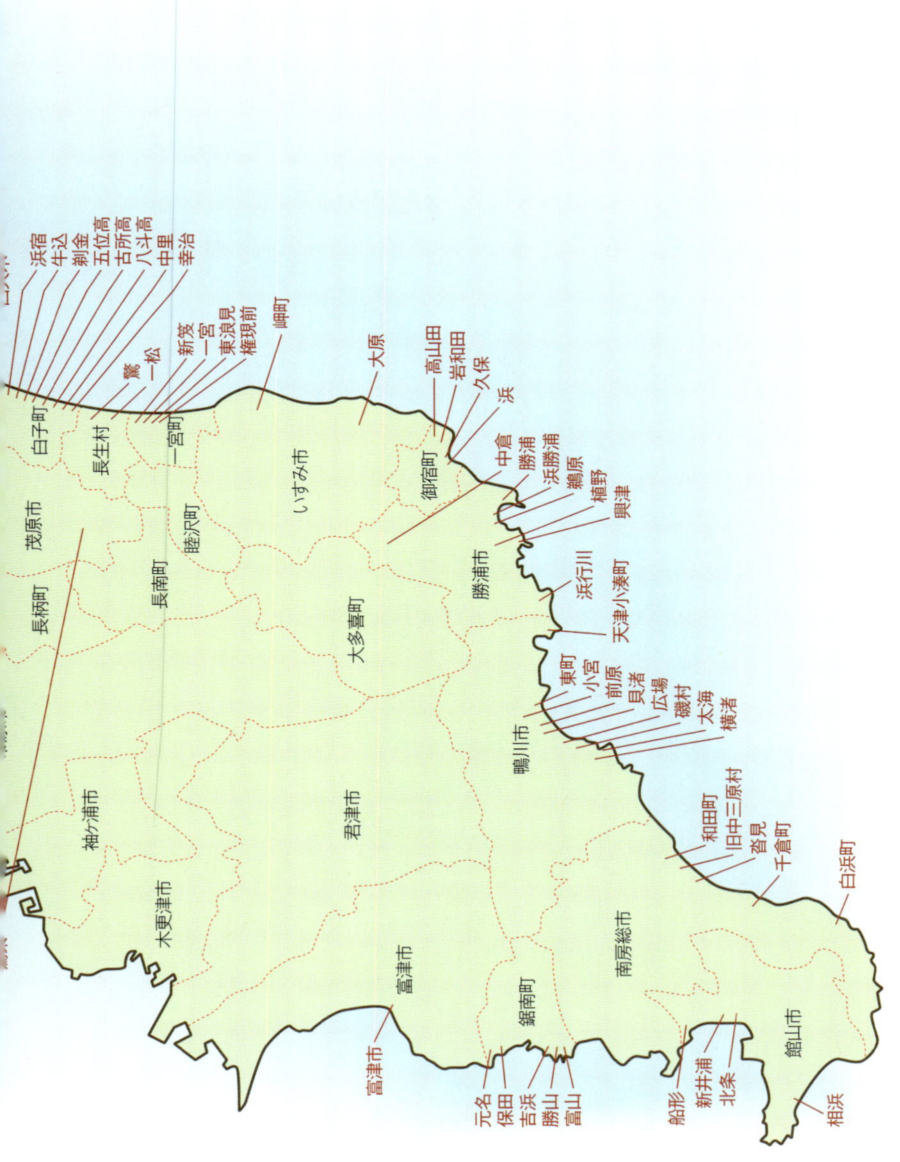

浜宿
牛込
剃金
五位高
古所高
八斗高
中里
幸治
鷲
一松
新笈
一宮
東浪見
権現前
岬町
大原
高山田
岩和田
久保
浜
中倉
勝浦
浜勝浦
鵜原
植野
興津
浜行川
天津小湊町
東町
小宮
前原
貝渚
広場
磯村
太海
横渚
和田町
旧中三原村
沓見
千倉町
白浜町
相浜
北条
新井浦
船形
富山
勝山
吉浜
保田
元名
富津市
白子町
長生村
一宮町
いすみ市
御宿町
茂原市
睦沢町
長南町
長柄町
勝浦市
大多喜町
鴨川市
君津市
袖ケ浦市
木更津市
富津市
鋸南町
南房総市
館山市

**津波がくるぞ!**
**元禄十六年・千葉県沿岸の津波被害**

2015年 3 月11日　初版第 1 刷発行

著　者　畑中　雅子

発行者　佐藤今朝夫

発行　株式会社国書刊行会
東京都板橋区志村 1-13-15
電話03(5970)7421　FAX03(5970)7427
http://www.kokusho.co.jp

装丁　美柑和俊 + Mikan-Design

印刷　株式会社エーヴィスシステムズ

製本　株式会社 村上製本所

ISBN978-4-336-05910-9